하루 1장
공부 습관

13살 전에 스스로 공부하는 아이로 키우는

하루1장 공부습관

고은정 지음

카시오페아
Cassiopeia

하루 1장 공부습관이 아이의 인생을 바꾼다

큰 준비 없이 부모가 되었다. 결혼하면 출산이 당연하다는 듯이 나 또한 그 대열에 합류했다. 그렇게 준비 없이 엄마가 되고 워킹맘으로 살면서 출산과 육아, 교육까지 헤쳐나가야 할 장애물은 계속 늘어났다. 넘어지고 일어서기를 반복하며 나아가는데도 가야 할 길은 끝이 없어 보인다.

나는 고1, 중1인 두 아이와 함께 울고 웃는 대한민국의 평범한 워킹맘이다. 해야 할 일이 너무 많아서 온종일 종종거려도 자려고 누우면 하지 못한 일들이 떠오른다. 아마 대부분의 워킹맘이 비슷하지 않을까? 그중 아이와 관련된 일은 아무리 몸이 힘들어도 포기할 수 없다. 워킹맘들의 가장 큰 고민은 해도 해도 끝나지 않는 일도, 눈꺼풀에 성냥개비라도 꽂아두고 싶은 만성피로도, 집에 돌아오면 고스란히 남아 있는 아침 설거지거리도 아닐 것이다. 바로 아이와 온전히 함께할 수 없다는, 엄마의 부재로 인한 미안함이다. 혹시 그 미안함을 돈으로 해결하는 엄마라면 나의 이야기가 큰 힘이 되리라 생각한다.

시간과 돈이 부족해도 나만의 방법으로 아이를 잘 키울 수 있다. 부족함을 다른 사람과 비교하면 끝없이 초라해진다. 자신에게 주어진 상황에서 충실히 하루하루를 보내면 그 부족함은 반드시 채울 수 있다.

나는 공부 잘하는 아이가 되기를 강요하지 않았다. 그보다는 스스로 공부하는 아이가 되기를 원했다. 스스로 목표를 정해 계획하고, 노력하고, 노력한 만큼의 결과에 성취감을 느낄 수 있는 아이로 키우고 싶었다.

나는 이 책을 준비하면서 '과연 내가 자격이 될까?' 하고 의문을 던져보았다. 자격이 있다고 결론지은 이유는 올해 아들이 외고에 입학한 것이 계기가 되었다. 결혼 후 지금까지 직장을 쉬었던 기간은 첫째와 둘째의 출산과 산후조리를 위한 3개월뿐, 나는 워킹맘들의 노고와 고민을 충분히 경험했다. 그래서 엄마들이 회사일뿐 아니라 자식의 교육까지도 잘하고 싶어하는 마음을 너무나 잘 알고 있다. 내가 한 것은 시간이 없다는 이유로 아이를 학원과 과외로 뺑뺑이 돌리는 것이 아니라, 스스로 공부하는 아이로 커나갈 수 있도록 기틀을 잡아준 것이었다.

자녀가 초등학교에 입학하는 시기가 되면 누구나 '공부'에 대해 고민하기 시작한다. 과연 어디까지 선행학습을 해야 하는지, 학원부터 보내야 하는지, 독서만 많이 시키면 되는지, 의문은 끝이 없다. 시원한 정답이 없다 보니 이와 관련된 책들이 끝없이 쏟아져 나온다. 나는 이 모든 과정을 경험했기 때문에 아이와 함께 공부하며 제대로 효과를 본 방법을 알려주고 싶다.

공부를 시작하는 아이들에게 제일 필요한 것은 무엇일까? '집중력', '체력', '끈기' 등 여러 가지가 있을 것이다. 틀린 것은 없다. 그러나 내가 생각하는 답은 '습관'이다. 우리의 하루는 많은 습관으로 채워진다. 내 몸에 익숙해진 습관은 나도 모르게 하는 행동으로 이어진다. 나는 아이들에게 이 습관을 만들어주기 위해 매일 하루 계획을 짜서 실천하도록 이끌었다. 공부습관을 만들기 위해서는 매일 실천할 수 있는 계획이 필요하다. 그리고 계획을 실행할 수 있게 도와주어야 스스로 하는 아이가 된다.

그러면 아이가 지레 공부를 싫어하지 않도록 하면서 공부가 습관이 되도록 하는 방법은 무엇일까? 그것은 '최소한으로 시작하는 것'이다. 최대한 쉽고 가볍게, 하지만 꾸준히 해서 몸에 익히게, 그것이 바로 하루 1장 공부습관이다. 머리가 커져서 엄마 말을 안 듣기 전에, 이 습관은 바꿀 수도 버릴 수도 없을 정도로 아이의 몸에 배어 있어야 한다. 초등 6년의 교육과정은 아이가 중학교 교육에 적응할 수 있는 바탕을 만드는 시기다. 그러므로 자기주도학습을 위한 습관 형성은 13살 전에 완성되어야 한다.

게임에 끌려가지 않고, 자기 할 일을 스스로 하는 아이를 상상해보라. 생각만 해도 행복해진다. 엄마의 잔소리가 필요 없고 엄마의 격려만 필요한 아이, 이런 아이는 결코 하루아침에 만들어지지 않는다. 나도 많은 시행착오를 겪었다. 이 책에는 그 실패 과정까지 모두 담으려 노력했다. 이런 경험담이 오히려 엄마들에게 큰 위안과 격려가 되리라 생각한다.

아이가 초등학교에 들어갔을 때, 나도 공부를 시작했다. 원래 나는 치과위생사로 치과에서 오랫동안 근무했다. 그러나 규모가 작은 치과의원에서는 육아와 일을 병행하기 힘들었다. 그래서 첫째를 출산하고 근무환경이 나은 대기업의 부속치과의원에 입사했다. 모든 일에 100% 만족이 없듯이 대기업이라도 문제는 있었다. 의료직인 의사, 간호사, 치과위생사, 물리치료사의 채용조건이 비정규직이라는 것이다. 비정규직은 임금, 복지 부분에서 정규직과 차이가 났다. 왠지 모를 열등감도 덤으로 준다. 또한, 간호사와 치과위생사를 알게 모르게 차별하고는 했다. 당시 회사 인사팀에 이유를 물어보니 간호사와 치과위생사는 인사규정이 다르다고 했다. 간호사 선생님은 석사학위가 있다고 했다. 나는 차별 아닌 차별을 경험하며 오래전에 묻어두었던 꿈인 '선생님'을 떠올렸고, 그 꿈을 실현하고 싶다는 강한 자극을 받았다. 그렇게 나는 다시 공부를 시작했다. 회사에 다니고 아이를 키우면서 대학원에 다니고 석사와 박사학위를 취득하고 마침내 대학교수가 되었다.

내가 공부에 관한 책을 쓰는 이유는 내가 엘리트 코스를 밟은 사람이 아니기 때문이기도 하다. 나는 직장에 나가고, 대학원에 다니고, 지금은 강의하면서 과외 없이 아들을 외고에 입학시켰다. 주위에서는 특목고에 보내려면 아이가 어렸을 때부터 수학, 과학은 기본으로 과외를 해야 한다고 조언하곤 했다. 그러나 내 생각은 달랐다. 엄마가 끌고 다녀서 공부 잘하는 아이는 오래가지 못한다. 자기가 원해서 공부해야만 지치지 않는다. 중간에 넘어지더라도 목표가 있기 때문에 포기하지 않는다. 아버지의 무관심, 엄마의 정보력, 할아버지의 재력, 이런 것은 없어도 괜찮다. 명확한 목표가 있고, 스스로 계획을 짜고, 스스로 공부하는 습관이 있다면 아이는 얼마든지 성공할 수 있다. 그러나 엄마주도학습인 경우에는 중학교에만 가도 원하는 점수를 받기가 쉽지 않다. 아이가 왜 공부해야 하는지 모른다면 더욱 그렇다.

나는 현재도 아이와 함께 공부하는 엄마로 살고 있다. 아이에게 주문만 하는 것이 아니라 같이 공부한다. 모범적인 행동을 보이는 부모라면 자식도 그 모습을 보고 배운다. 명령하는 부모보다 행동하는 부모가 되어야 한다. 나는 내 꿈을 위해 공부하는 엄마로 살았다. 그런 모습이 아이들 공부에 시너지 효과가 있었을 거라고 확신한다.

이 책에는 결혼 17년 차 주부의 삶이 고스란히 담겼다. 살면서 어떻게 매일 좋은 일만 있었겠는가. 여백이 한 글자, 한 문장, 한

장으로 채워지는 동안 혼자 많이 울고 웃었다. 그동안의 삶이 정리되는 느낌을 받았고, 참으로 열심히 살았다고 나에게 격려를 보냈다.

세상은 절대로 혼자서 살 수 없다. 나 또한 워킹맘으로 살면서 가족의 도움을 많이 받았다. 육아에 많은 도움을 주신 시어머님께 이 자리를 빌려 감사드리고 싶다. 그리고 항상 엄한 아버지 역할을 자처한 남편에게 고마움을 전한다. 아이와 함께하는 순간순간 발생하는 수많은 갈등을 마주하면서도 결코 포기하지 않았던 우리 가정의 이야기가 많은 사람에게 도움이 되었으면 한다.

끝없이 도전하고 노력하는 삶을 살게 한 밑바탕은 나의 부모님이었다. 나도 그분들과 같은 부모가 되고 싶다. 든든한 버팀목으로서 아이들에게 인생의 지혜를 알려주는 길잡이가 되어주고 싶다.

이 책이 세상 밖으로 나오기까지 많은 사람의 격려가 있었다. 늘 노력하는 모습으로 보답하리라 다짐해본다. 지금도 육아와 전쟁하며 하루를 보내는 엄마들에게 응원을 보낸다.

마지막으로 이 책의 주인공인 아들 강민, 딸 서연에게 사랑한다고 전하고 싶다.

고은정

차례

3장 실전! 자기주도학습을 완성하는 공부습관 노하우

4장 과외 없이 특목고 보내는 단계별·과목별 교육로드맵

5장 스스로 공부하는 아이로 키우는 부모의 7계명

(1장)

13세 전에
공부 밑바탕 키우기

01
처음부터 스스로 잘하는 아이는 없다

워킹맘은 전적으로 시간이 부족하다. 매사에 엄마의 손길이 필요한 아이들 때문에 퇴근 후에 자기만을 위한 시간은 꿈도 꿀 수 없다. 바쁘고 시간이 없다 보니 아이의 일을 엄마가 얼른 대신해 버리기도 한다. 시간도 없는데 세월아 하고 밥을 먹고 있는 아이를 보면 속이 터진다. 당장 숟가락을 들고 엄마가 먹인다. 기다려 줄 시간이 없다. 아니 그럴 마음의 여유가 없다. 마음먹고 공부 좀 시켜보려고 하면 어떤가? 아이들은 엄마 혈압 오르는 행동만 골라서 한다. 그러면 엄마는 성질나서 오늘은 공부를 포기한다.

어찌 보면 아이가 어지럽히고 노는 것은 당연하다. 그러나 온종일 일에 지친 엄마는 짜증이 난다. 놀고 난 후에 아이가 스스로 장난감을 정리하면 얼마나 좋을까? 오늘 할 일을 알아서 척척 해 줬으면 싶다. 그러나 엄마들이 꼭 알아야 할 것이 있다. 세상에 그런 아이는 없다는 것이다. 어른인 나조차도 계획한 일을 다 하지 못하는데 아이가 부모가 정한 규칙에 맞게 생활한다는 것은 불가능하다. 그러나 항상 엄마의 기대치는 높고 아이의 행동은 그에 미치지 못하는 것이 육아의 딜레마이다.

그러다 보니 엄마의 잔소리와 짜증은 늘어만 간다. 아름다운 육아는커녕 지지고 볶는 날의 연속이다. 직장일도, 육아도, 아이의 교육도 모두 잘하고 싶은 것이 엄마의 마음이지만 세상일이 다 그렇듯 내 마음대로 되지 않는다. 나만 그런 것이 아니고 모두 그렇다. 그러니 너무 실망할 필요는 없다. 이때 엄마에게 필요한 것은 내 방식대로 밀고 나가는 추진력이다.

엄마의 의욕은 앞서는데 막상 공부해보면 아이는 생각만큼 따라와 주지 않는다. 그렇다고 손놓고 있을 수 없어서 아이를 책상 앞에 붙들고 있는데 때마침 들려오는 옆집 아이의 소식이 염장을 지른다. '벌써 한글을 다 배웠다고? 우리 아이는 너무 느린가?' 부럽기도 하고 불안해서 속이 탄다. 급한 마음에 엄마는 학습지 선생님을 부른다. 이제야 마음이 놓인다. 전문교사가 지도하니 아이도 잘하리라 생각한다. '나는 바쁘니까 이제 공부는 선생님께 맡기자'고 안심해본다.

이렇듯 아이가 학습지를 시작하면 엄마가 할 일이 없다고 생각할 수 있다. 그러나 공부는 관심이다. 워킹맘이든, 다둥이맘이든, 아이를 다루는 데 서툰 엄마든, 들일 수 있는 시간의 차이는 있겠지만 얼마나 아이에게 관심을 가지고 엄마가 노력하느냐에 따라 아이는 달라진다.

엄마와 함께 시작하는 공부

평범한 아이도 엄마가 어떻게 지도하느냐에 따라 미래가 달라진다. 내 경우 두 아이를 키우며 아이들과 같이 공부했다. 우리 아이들은 6세 무렵부터 매일 공부하는 습관을 들였다. 그러나 결코 그 과정이 쉽지는 않았다. 말 안 듣는 아이들과 매일 씨름하는 데는 많은 인내와 노력이 필요했다.

힘든 일일수록 그 노력에 대한 보상은 반드시 오기 마련이다. 현재 아들은 자기주도학습을 대표하는 외국어고등학교에 재학 중이다. 아들을 고등학교에 입학시키며 공부는 역시 스스로 해야 한다는 확신이 들었다. 책에서 얻은 지식이 아닌 경험으로 얻은 노하우를 이제 중학교 1학년 딸에게 적용 중이다.

초등학교 저학년의 공부는 어렵지 않아서 부모의 도움이 없어도 크게 문제되지 않는다. 그러나 고학년으로 올라가면서 교과 내용이 점점 어려워지면 대부분 아이는 공부에 흥미를 잃게 된다. 중학생이 되면 문제는 더 심각해진다. 공부 분량이 늘어나는 것도 문제지만 과목도 많아지고 교과 수준이 높아진 탓이다. 그러다 보면 포기하는 과목이 생기기 시작한다.

초등학교 때 곧잘 한 아이이니 중학교에서도 잘하겠지 하는 기대는 처절하게 짓밟힌다. 학원만 보내면 알아서 공부하면 좋으련만 현실은 만만치 않다. 회사에 다니지 않는 전업맘도 힘든데, 하물며 일하는 엄마라면 '회사를 그만두고 공부를 봐주어야 하나? 비용을 들여서라도 과외를 해야 할까?' 하고 여러 가지 걱정이 밀려온다.

그러나 어떤 경우든 부모가 아이의 공부를 지도하는 데는 한계가 있다. 초등학교까지는 부모의 지도로도 좋은 결과를 낼 수 있지만, 중학교, 고등학교까지 부모가 아이의 공부를 관리할 수는 없다. 공부는 학년이 올라갈수록 아이 스스로 해야 한다. 다만, 처음부터 스스로 공부하는 아이는 없으므로 아이가 스스로 공부하는 습관을 들일 수 있도록 어릴 때 잡아주어야 한다.

나는 일을 했기 때문에 온종일 아이를 품에 끼고 하나하나 공부를 가르칠 수 없었다. 그렇다고 엄마인데 아이의 공부에 나 몰라라 할 수도 없었다. 그렇게 해서 시작한 것이 매일 하루의 공부 계획을 아이들이 실천하게 한 것이었다. 당연히 하루아침에 되지 않았다. 특히 시간적으로 제약이 많다 보니 꾸준히 계획적으로 뭔가를 한다는 것이 더 힘들었다. 그렇지만 많은 시행착오 끝에 나는 내가 처음 생각한 대로 아이가 고등학생이 될 때까지 하루한 장 공부를 실천할 수 있었다. 이제 나의 경험으로 얻은 노하우를 하나씩 풀어보려고 한다.

성격이 급한 엄마는 아이를 기다려 주지 못한다. '빨리빨리' 노래를 부르기 때문에 아이의 할 일조차도 엄마가 대신한다. 이런 일들이 쌓이게 되면 아이는 공부조차도 엄마가 해주기를 기다린다. 그러면 엄마가 아이의 숙제를 해주는 일도 발생한다.

조금 부족하고 느리더라도 아이의 할 일은 혼자 하게 두어야 한다. 스스로 해보면서 깨달아야 성장을 경험할 수 있다. 아이의 모습이 안쓰러워 해결해주고 싶은 엄마의 마음은 잘 안다. 그러나 내 경험상 엄마표 공부는 초등학교까지다. 이후에는 하려고 해도 한계에 부딪힌다. 공부를 대신할 수 없다면 엄마를 대신할 방법을 가르치면 된다. 그 방법은 바로 공부습관을 잡아주는 일이다.

02
13살 전에 완성하는 공부습관이
평생 자산이다

부모라면 아이에게 해주고 싶은 것이 너무나 많다. 입는 것, 먹는 거 남들보다 더 해주지는 못해도 남들만큼은 해주고 싶다. 그러나 남들에게 맞춰진 기준은 엄마를 힘들게 한다. 부모라면 아이에게 무엇이든 당연하게 해주어야 한다고 생각한다. 그러나 아이가 성장 단계에 있을 때는 반드시 부모의 도움이 필요하지만, 너무 무분별한 관여는 오히려 아이를 망친다. 아이의 행동 하나하나에 부모가 개입되면 아이는 자신만의 판단 기준을 상실하게 된다.

그러면 자녀의 교육을 위해 어떤 부분이 최우선시되어야 할까? 자식 교육에 경제적인 요인만 뽑는다면 부를 가진 부모가 유리할 것이다. 우리는 종종 부자 부모가 아니라서 해줄 것이 없다고 말한다. 그러나 부를 대물림하는 것만이 부모가 해줄 수 있는 값진 선물이 아니다. 사교육이 판을 치는 요즘의 교육 현실에는 돈 있는 부모가 최고라고 생각할 수 있지만 내 생각은 다르다. 부자라면 경제적인 부분에서 자유를 누릴 수 있는 것은 사실이지만, 경제적인 부분이 자식의 교육 수준까지 결정하는 건 아니다. 부자 부모가 아니어도, 교육에 많은 돈을 투자하지 않아도 공부 잘하는 아이로 키울 수 있다. 공부는 돈의 문제가 아니라 방법의 문제이다.

나는 결혼을 하고 둘째 아이를 출산한 후부터 내 공부를 시작했다. 무엇이든 스스로 경험하면 더 생생하게 가르칠 수 있다. 늦게 공부를 시작하면서 아이들에게 무엇을 해주어야 할까를 많이 고민했다. 내가 다시 공부를 시작한 이유는 결국 더 나은 삶을 시작하려는 이유도 있지만 학창시절에 못다 한 공부에 미련이 남아서였다. 어릴 때는 공부해야 하는 이유도, 공부하는 방법도 잘 몰랐다. 그래서 내 아이에게만은 이런 후회가 남지 않도록 처음부터 제대로 공부하는 방법을 가르치고 싶었다. 개천에서 용 나는 시대는 지났다고 하지만, 공부는 여전히 노력하는 사람만이 열매를 거둘 수 있는 가치 있는 일이다.

공부습관을 물려주는 엄마

나는 아이에게 공부를 가르쳐 당장 성과를 보는 것보다 아이가 매일 공부할 수 있는 환경을 만드는 것에 초점을 맞추었다. 세상에 돈으로도 되지 않는 것이 있다면 그것은 '습관'이 아닐까? 그래서 나는 매일 아이들과 실천할 일들을 먼저 계획했다.

만약 부모의 욕심으로 조기교육을 시키는 경우라면 다를 수 있지만, 초등학교 입학 전에 공부할 것은 그렇게 많지 않다. 다만, 기준은 부모가 정하는 것이지만 비교 대상은 옆집이 아니라는 것을 기억해야 한다. 아이들은 백지상태로 태어난다. 어떤 그림을 그릴지는 결국 부모의 영향이 크다. '세 살 버릇 여든까지 간다'는 말은 그냥 생겨난 말이 아니다. 어릴 때부터 아이가 좋은 습관을 들이도록 부모가 노력해야 한다.

나는 직장에서 집에 오면 그날 아이의 활동부터 먼저 확인했다. 어린이집에서 특별한 일이 있었는지 아니면 잘해서 칭찬받은 것이 있는지 살핀다. 물론 아이에게도 물어보았지만, 당시 어린이집 선생님은 친절하게 매일 아이에 관한 일을 등원 수첩에 글로 남겨주어서 많은 도움이 되었다. 요즘은 휴대폰만으로도 많은 정보를 빠르게 확인 가능하므로 아이의 현재 학업 수준을 파악해서 공부에 접근하기가 더 쉬워졌다.

나는 둘째를 출산하고 3개월의 휴가를 보내고 직장으로 복귀했다. 시어머님께서 두 아이와 온종일 지내기는 무리이다 보니 첫째는 4살부터 어린이집에 보냈다. 당시에는 어린이집에서 배우는 학습으로 충분하다고 생각해서 집에서 가끔 아이와 책을 보는 수준이었다. 그런데 6세 무렵부터 이제 학습을 시작해야 하지 않나 하는 고민이 시작되었다. 그 무렵부터 아들에게 본격적으로 책을 보여주었다. 그전까지 보던 책은 흥미 위주의 동화책이었다면 이제 공부에 흥미를 붙이기 위한 책으로 선택했다. 한글 공부는 더 빠른 시기에 시작할 수도 있었지만, 6세부터 해도 늦지 않다고 생각했다. 그동안 어린이집에서 활동한 것들을 바탕으로 하루 공부할 분량을 정했다.

워킹맘은 자투리 시간이 많지 않다. 퇴근하면 저녁식사 준비부터 해야 해서 느긋하게 책을 읽거나 공부를 할 수 있는 상황이 아니다. 더군다나 나이 차가 있는 첫째와 둘째 아이를 동시에 돌보면서 내 공부까지 한다는 것은 많은 노력을 요구했다. 그래서 생각해낸 것이 아이와 함께 공부하는 장소를 만드는 것이었다. '장소'라고 해서 거창한 것은 아니다. 거실이든 방이든 상을 들고 앉으면 공부방이 되었다. 그때그때 하고 싶은 곳에서 책을 펼치면 그 자리가 공부방이 되었다. 그렇다고 아이가 바로 1시간씩 공부를 한 건 아니다. 내가 상을 들고 오면 공부하자는 거구나 하고 인식하는 정도였다.

아이들은 당연히 공부보다 노는 것을 더 좋아한다. 자동차 굴리기, 퍼즐 맞추기, 곳곳에 널린 장난감에 먼저 손이 간다. 남자아이들이 보통 자동차를 좋아하듯이 우리 아들도 경찰차, 소방차, 구급차 등 차란 차는 다 전시해놓는 것을 좋아했다. 블록 바구니는 하루에 열두 번도 더 뒤집어엎으면서 놀았다. 화를 낸다고 아이가 말을 듣는다면 열 번도 더 화내겠지만 해맑게 웃는 아이를 보면 그렇게 강제적으로 공부를 시키는 게 무슨 소용인가 싶었다.

그래서 나는 아이가 좋아하는 것과 학습을 연결하는 것부터 시작했다. 아들은 물건의 이름 즉 자동차와 관련한 한글에 관심을 보였고 빠르게 습득했다. 이런 점에 착안하여 아이가 좋아할 만한 한글 낱말들을 보여주기 시작했다. 숫자 공부도 마찬가지로 좋아하는 것의 수를 맞히는 게임을 한다든지, 아이의 호기심을 자극할 만한 주제를 찾아 알려주기 시작했다.

부모들은 아이가 공부하는 시간의 양에 예민한 반응을 보인다. 그러나 처음 공부를 시작한다면, 아직 여섯 살이라면 10분도 괜찮다. 일단 책에 집중해서 엉덩이 붙이고 앉아 있는 시간이 있다는 것이 중요하다. 그리고 이때부터 엄마는 나와 함께 책 보는 사람이라고 인식시키는 것이 중요하다. 온종일 봐주지 못한 미안함을 생각하지 말고 10분만이라도 아이에게 집중하면 아이는 자신이 관심받고 사랑받는다고 인지한다. 아이에게 이런 신뢰가 생기면 공부하는 시간을 차츰 늘려갈 수 있다.

학령기 전의 학습은 초등학생이 된 이후의 공부습관에도 영향을 미친다. 그렇기 때문에 반드시 엄마와 함께하는 시간이 필요하다. 나는 아이들과 늘 함께 공부한 덕에 우리 아이들에게 '엄마는 공부하는 사람'으로 인식되었다. 그래서 아이들은 엄마가 공부에 관해 이야기하면 이상하게 생각하지 않는다. 지금까지 함께 고민하고 같이 했기 때문이다.

그런데 이런 과정 없이 갑자기 "넌 공부하는 것이 왜 그 모양이냐, 성적은 그게 뭐냐, 그 성적으로 대학은 가겠니?" 하면 아이들은 참지 못하고 폭발한다. "엄마가 뭘 알아요. 제 일은 제가 알아서 해요. 신경 끄세요!" 하고는 방문을 쾅 닫는다. 엄마는 속이 터진다. 대부분 사춘기라고 하는 중학생 때부터 아이들은 자기주장이 매우 강해지는데, 이때 아이를 이겨보겠다고 강하게만 나가면 역효과만 난다.

내가 6세 무렵부터 공부를 생각한 이유가 여기에 있다. 어릴 때 공부하는 습관을 잡아주면 아이 인생에도 도움이 되고, 아이도 엄마와 함께 공부하는 것을 자연스럽게 받아들인다.

지금 우리 아들은 자기주도학습이 가능하다. 엄마와 함께한 하루 공부습관은 아이가 꿈을 찾아 스스로 공부하게 된 힘이 되었다. 우리 아이들에게 공부는 평생 해야 할 일이다. 유산으로 돈을 남기는 것보다 평생 스스로 할 수 있는 공부습관을 물려주는 것이 최고의 선물이다.

03
공부습관보다 생활습관이 먼저다

사람은 하나의 행동을 하기 전에 여러 번 생각하고 행동한다. 우리가 일상에서 하는 일 중에는 반복되는 일이 많다. 반복된다고 해서 매일 결과가 만족스럽지는 않다. 그러나 일상생활의 습관이 제대로 잡혀 있다면 결과는 달라진다.

생활습관조차 잡혀 있지 않은 아이에게 공부습관을 기르게 한다는 것은 무척 어려운 일이다. 공부습관을 기르기 전에 먼저 해야 하는 것은 생활습관을 잡는 것이다. 어릴 때 바른 생활습관을 잡기 위해 우리는 다음과 같은 원칙을 정했다.

첫째, 먼저 인사한다

아파트를 오가면 경비원 아저씨나 청소를 해주시는 분을 만나게 된다. 우리 아이들은 무조건 "안녕하세요?" 하고 인사한다. 그러면 기분 좋은 대답이 돌아온다. "응, 그래. 넌 몇 호에 사니?" 이렇게 오가며 인사를 하다 보니 인사성 밝은 아이라며 소문이 났다. 엘리베이터를 타면 자연스럽게 인사하는 아이가 있고 어른을 보고도 못 본 척하는 아이가 있다. 같은 아파트에 살면 잘 모르는 이웃과도 인사하는 것이 맞다. 그러나 부모가 교육하지 않으면 아이는 먼저 인사하지 않는다. 인사성 밝은 아이로 키우는 것은 인성에 큰 영향을 미친다.

아들이 고등학교에 진학한 후 처음 학교에 방문했을 때의 일이다. 나와 마주치는 모든 학생이 "안녕하십니까?" 하고 인사를 했다. 순간 나는 학생들이 나를 선생님으로 착각했구나 생각했다. 그런데 나중에 알고 보니 마주치는 모든 사람에게 학생이 먼저 인사하는 것이 그 학교의 전통이라고 했다. 이처럼 밝게 건네는 인사를 받으면 기분이 좋아진다. 그 사람의 이미지가 당연히 좋게 보일 수밖에 없다.

둘째, 수면시간을 지킨다

아이들은 자라고 하지 않으면 밤새 시끄럽게 오가며 난리다. 이렇게 통제되지 않고 늦게까지 TV를 보고 게임을 한다면 어떻게 될지 뻔하다. 늦게 자기 때문에 일찍 일어나기는 힘들다. 그러면 아침에 엄마는 아이를 깨우기 바쁘다. 아침시간은 엄마에게 최고로 분주한 시간이다. 식사 준비, 남편 출근 준비, 아이들 등교 준비까지 하고 나면 정작 화장할 시간도 없다.

아침에 운전하다 보면 신호대기 중에 립스틱을 바르는 엄마들을 볼 수 있다. 어떤 상황인지 이해가 된다. 아침시간은 5분도 소중하다. 이럴 때 아이들이 스스로 기상한다면 얼마나 편하겠는가. 나는 어느 순간부터 아이들을 깨우지 않게 되었다. 아이들이 7시 알람을 맞추고 스스로 일어나기 때문이다. 어떻게 그런 습관을 들일 수 있었느냐고 많은 이가 물어본다. 나의 대답은 간단하다. 밤 9시에 잠자리에 들기 때문이다. 특별한 일이 없는 한 초등학교 내내 아이들은 이 취침시간을 지켰다. 지금은 아이들이 스스로 조절한다. 시험공부나 책 읽기 과제 등으로 시간이 필요하면 자는 시간을 조금 늦춘다.

그런데 9시에 아이들을 재우는 게 정말 힘든가 보다. 많은 엄마가 내게 이렇게 하소연한다. '우리 아이도 9시에는 재우고 싶은데 그 시간에 침대에 눕지 않는다', '군대도 아니고 아이들이 어떻게 그럴 수 있느냐', '아빠가 항상 늦게 와서 아이들이 아빠를 기다리느라 잠을 자지 않는다', '회사 갔다 와서 이것저것 하다 보면 벌써 9시가 훌쩍 지나 있다', '그 집 아이들은 원래 초저녁 잠이 많으냐' 등등.

아이들은 비슷하다. 우리 아이들도 당연히 자는 시간을 잘 지키지 않았다. 잔다고 누워서는 둘이서 장난치고, 방문을 열어보면 자는 척하고 이불 뒤집어쓰고 장난치고 귀신 이야기를 하면서 무섭다고 난리법석이다. 다만 다른 점이 있다면 우리는 규칙을 세우고 지키지 않으면 벌을 준다는 것이다.

취침시간에 자지 않고 딴짓을 하면 다음 날 취침시간을 1시간 앞당겼다. 그러니까 8시에 자야 하는 것이다. 저녁 먹고 일기 쓰고 바로 자야 한다. 얼마나 황당한가. 몇 번을 경험했더니 아이들은 일단 9시만 되면 자리에 눕는다. 여전히 잠이 오지 않아 뒹군다. 그러면 다음 날은 새벽에 일어나게 해본다. 아침에 일찍 일어났기 때문에 그날 밤에는 피곤해서 절로 잠이 온다. 이렇게 여러 방법으로 잠자는 시간을 지키게 하려고 시도했다. 일방적으로 보이지만 반드시 아이들에게 왜 그렇게 하는지 이유를 설명해줬다. 직접 잠자고 일어나는 시간을 경험해보면 아이들도 이해하고 받아들이게 된다.

셋째, 자기 일은 스스로 한다

아이가 학교 갔다 오면 제일 먼저 하는 일은 무엇인가? 가방 던지기? 아무 곳에나 옷 벗어 두기? TV 보기? 우리 집은 손발 씻기이다. 손발 씻기는 어린이집에서부터 배운 것이지만 실천이 어렵다. 어떤 날은 집에 오자마자 세면대로 직행하지만 어떤 날은 배가 고픈지 먹을 것부터 찾게 된다. 손부터 닦으라고 몇십 번 노래를 불러도 딴짓을 할 때는 몇 번의 경고를 주었다. 이때도 벌칙을 정했는데, 한 시간마다 발 씻고 오기였다. 시계를 보고 정각마다 화장실로 직행하게 했다. 며칠 벌칙을 받자 어느새 습관으로 자리 잡았다.

지금은 침대를 사용하지만 아이들이 어릴 때는 침대를 사용하지 않았다. 그래서 자고 일어나면 이불이 바닥에 깔려 있었다. 처음에는 내가 정리를 해주었다. 말을 안 해도 따라서 하면 좋으련만 아이들은 시키지 않으면 절대 하지 않는다. 당연히 엄마 일이라고 생각한다. 한 번 하라고 교육하고 실천하지 않았다고 벌을 주면 아이들은 오히려 말을 듣지 않는다. 그래서 우리는 세 번 정도는 실천하지 못해도 불이익을 주지 않는다. 대신 경고를 날린다. 그러나 아이들은 경고도 크게 무서워하지 않는다. 우리 집의 경우 이런 순간 아빠가 투입되어 벌칙을 정했다. 당시 상황에 따라 아이에게 불리한 조건을 걸었다. 그러면 아이들은 지키려고 노력했다. 즉 불편함과 불이익을 경험해야 효과가 있다. 침대를 쓰고부터는 간단히 이불 정리만 하면 되어서 아이들은 굉장히 좋아하며 알아서 잘하게 되었다. 마찬가지로 경고까지 받고도 책상 정리를 하지 않으면 벌칙을 수행하게 했다.

부모가 좋게 말할 때 아이들이 들으면 좋겠지만, 어김없이 어기는 상황이 발생한다. 집에 돌아오면 썻고 입은 옷은 빨래바구니에 모아두는 것은 쉬운 일이다. 그렇지만 아이들에게 교육하고 강요하지 않는다면 어떨까? 결혼해서 양말을 뒤집어 던져두는 배우자가 될 가능성이 높다. 작은 일이라도 스스로 하는 습관을 만들어야 하는 이유이다.

넷째, 휴대폰과 게임에 대한 자제력 키우기

아마 요즘 엄마들이 제일 골치 아파하는 부분이 아닌가 한다. 우리 아이만 휴대폰을 안 사줄 수도 없고 사주면 자제가 안 되고 이래도 문제, 저래도 문제다. 나는 이 고민을 꽤 오래 하며 아들에게 최대한 휴대폰을 늦게 사주었다. 대부분 남자아이가 그렇듯이 우리 아들도 게임을 좋아했다. 사용시간을 지키면 문제가 없을 텐데 아들은 게임의 재미를 쉽게 떨치지 못했다. 정해진 시간이 한 시간이면 두 시간, 세 시간을 넘기는 일이 계속 발생했다.

사용시간을 지키지 못할 경우 나는 바로 주 단위나 한 달 단위로 휴대폰 사용을 금지했다. 그 후에는 한 시간이 지나면 게임이 정지되게 설정을 바꾸면서 주말에 1시간 이용하는 것으로 합의할 수 있었다. 그런데 이번에는 아이가 휴대폰으로 여러 사이트에 접속해 이것저것을 다운로드받는 문제가 발생했다. 그래서 앱

하나를 다운받을 때마다 허락을 받게 했다. 왜 필요한지 이유가 타당하지 않으면 다운받지 못하도록 했다. 음악을 다운받는 것에서도 갈등이 끊이지 않았다. 결국 우리 아이들은 용돈에서 차감하는 조건으로 유료로 음악을 듣는다.

아들이 직접 정리한 휴대폰 사용 규칙

부모는 아이를 24시간 지킬 수 없다. 그러므로 아이들은 자신이 하는 행동을 부모가 모를 것이라는 전제하에 행동하게 된다. 그러나 휴대폰을 사용하여 인터넷을 검색하고 들어간 사이트는 기록으로 남는다. 그렇다 보니 아들은 기록을 남기지 않기 위해 지우고 아빠는 그것을 추적하는 일이 발생했다. 기계 다루는 능력이 아들보다 아빠가 앞서다 보니 아들의 행적은 언제나 확인과 추적이 가능했다.

그렇지만 매일 이러자니 아들의 반항이 커지는 것 같았고, 부모인 우리도 피곤해졌다. 그래서 우리는 와이파이의 비밀번호 설정을 달리해서 아이들의 데이터 사용 용량을 제한했다. 이렇게 결정하기까지 이런저런 방법들을 연구했다. 벌칙으로 휴대폰은 주되 잠금장치를 걸어서 오는 전화만 받을 수 있게 조치한 적도 있다. 이 방법도 통하지 않을 때면 휴대폰을 압수하거나 통신사에 전화해서 정지를 시키기도 했다. 정말 많은 시간을 포기하지 않고 좋은 습관을 들이기 위해 싸웠다.

요즘 학생들은 등교하면 수업하는 동안에는 휴대폰을 선생님께 제출한다. 학원도 가야 하니 실제로 휴대폰을 할 수 있는 시간은 저녁시간뿐이다. 평일에는 할 시간이 없고 그나마 주말에는 여유시간이 있다. 우리 아이들은 일찍 자기 때문에 밤늦게까지 게임을 할 여건은 아니었다. 주위 사람들은 알아서 공부도 잘하는데 휴대폰 사용은 제지하지 않아도 되는 거 아니냐고 말하기도 한다. 그렇지만 우리 집은 우리 집만의 기준이 있었고, 다른 집의 기준 때문에 흔들리지 않았다.

아이들 사이에 한참 닌텐도가 유행할 때, 우리 집도 그 대열에 합류했다. 게임기를 사주긴 했지만 우려했던 대로 아이들은 이용시간을 잘 지키지 못했다. 재미가 있으니 어찌 보면 당연한 현상이지만, 스스로 통제하는 연습이 되지 않은 아이들은 절대 적당한 선을 모른다. 그 뒤 우리는 거실에서 할 수 있게 닌텐도Wii를 사주었다. 이것도 사용시간을 정했는데, 아무래도 둘이서 같이 해야 하고 거실에서 해야 하니 그나마 통제가 쉬웠다. 요즘 아이들은 폰과 게임에 너무 무방비하게 노출되어 있다. 적당히 하면 문제가 없지만 그 적당히는 너무나 어렵다. 그렇기 때문에 반드시 부모의 통제가 필요하다.

고등학생이 된 아들은 평일에는 기숙사에서 생활하고 종일 공부하는 관계로 주말이 되어야만 휴대폰을 받는다. 그러나 이제는 게임을 한다고 시간을 낭비하지 않는다. 게임, 휴대폰 사용에 관한 문제는 시간이 가고 어른이 되면 자연스럽게 해결될 것이라고 생각할 수 있지만, 습관이란 어릴 때부터 이어진 노력의 결과물이다. 부모는 아이가 적정선을 잘 지키도록 포기하지 않고 계속 살펴야 한다.

다섯째, 용돈기입장으로 스스로 용돈을 관리한다

아이들에게도 '욕구'라는 것이 있다. 하고 싶고 것이 있고 사고 싶은 물건이 있다. 부모가 알아서 사줄 수도 있지만, 어느 정도 성장한 후에는 스스로 선택할 수 있어야 한다. 사회생활의 기초가 가정과 학교에서 이루어진다면, 경제관념은 용돈관리에서 출발한다. 우리 아이들은 용돈을 관리하기 위해 용돈기입장을 사용한다. 처음 용돈 기입장을 쓰기 시작한 때가 덧셈, 뺄셈을 배우는 시기여서 용돈기입장 쓰는 것이 수적인 개념을 익히는 데 도움이 되었다. 그러나 기록만 하라고 해서는 의미가 없다. 부모가 아이들의 기록장을 확인하고 사인도 해주어야 한다. 우리는 지출한 돈과 남은 돈이 일치하는지 확인하고 혹시 일치하지 않으면 경고 후 용돈 차감 내지는 압수를 했다.

처음에는 별문제가 없었으나 시간이 지나 아이들이 커가면서 사고 싶은 물건이 많아지면서 문제가 발생했다. 부모는 아이가 배고플 때 간식을 사 먹었으면 하는 마음으로 용돈을 준다면, 아이들은 사고 싶은 물건을 사기 위해 돈을 쓰는 것 같다. 그런데 문제는 그 물건이 부모가 보기에는 하등 쓸모없는 것이고 아이에게는 세상에서 가장 필요한 물건이라는 것이다. 아이들은 혼날 것 같아 용돈기입장에는 간식으로 기입하고 사고 싶은 것을 사는 데 돈을 지출했다. 그러나 잘못한 것은 꼬리가 잡힌다.

'자기 용돈인데 왜 마음대로 못하나?'라고 생각할 수도 있을 것이다. 물론 큰 범죄를 저지른 것도, 대단한 잘못도 아니다. 다만 나는 돈을 필요한 곳에 가치 있게 쓰는 방법을 가르치고 싶었다.

그 후로 방법을 바꿔 체크카드를 발행했다. 통장으로 용돈을 입금해주면 스스로 통장정리를 하고 용돈은 조절해서 사용하게 했다. 방법을 바꾼 이유는 체크카드는 사용한 내역과 잔액이 나에게 문자로 전송되기 때문이다. 아이가 어떤 간식을 언제 먹는지 시간도 파악할 수 있어 좋다. 스토커도 아니고 너무 과한 관심이라고 동의하지 못하는 사람도 있을지 모르겠다. 그러나 아이들은 가끔 예상을 뛰어넘는 기특한 말로 기쁨을 준다. 며칠 전 딸이 나에게 말했다.

"엄마, 나 통장 하나만 만들어주세요. 돈 뺄 수 있는 것 말고요."

"왜? 체크카드와 함께 만든 통장 있잖아."

"그건 엄마 통장이고, 내 이름으로 만들고 저축해서 나중에 대학교 가서 쓰게요."

"그래, 당장 만들어줄게."

나는 딸의 이름으로 주택청약통장을 만들었다. 어릴 때부터 돈의 개념을 심어주는 것은 중요하다. 돈에 끌려가지 않고 스스로 판단하고 결정할 수 있는 판단력이 필요하다. 학생에게는 공부가 많은 부분을 차지한다. 그러나 공부 잘하는 것만으로는 부족하다. 사회생활을 하다 보면 공부는 잘하는데 2퍼센트 부족한 사람들을 볼 수 있다. 부족함 없이 키우면 현재는 좋을지 몰라도 나중에는 불행한 삶이 될 수도 있다. 아이에게 돈의 개념을 가르치기 전에 간단한 용돈기입장 쓰기부터 시작해보자.

여섯째, 식사준비를 돕는다

주변을 보면 어른임에도 젓가락질을 잘 못하는 사람들이 있다. 아이들은 다 젓가락질을 어려워한다. 그래서 우리는 아이들에게 제대로 된 방법을 알려주려고 게임을 했다. 쟁반 위에 콩을 쏟아놓고 옮기는 내기였다. 한동안은 반찬을 이용해서 아이들의 젓가락질을 점검했다. 반찬으로 나온 메추리알을 누가 먼저 젓가락으로 가져가서 먹는지 유치한 시합도 해봤다. 여러 번 반복하다 보니 아이들은 어느새 젓가락을 잘 사용하게 되었다.

아이들은 하나부터 열까지 가르쳐야 한다. 나는 음식 준비가 끝나면 아이들을 부른다. 그럼 아이들은 수저를 놓거나 그릇을 옮긴다. 어른이 밥숟가락을 들면 밥을 먹기 시작한다. 밥을 먹고 난 후에는 "잘 먹었습니다" 하고 인사한다. 그리고 자기가 먹은 밥 그릇은 설거지하는 곳에 갖다 둔다. 밥은 엄마가 차려주어도 식사준비에서 자신이 할 수 있는 부분은 하게 해야 밥 한 그릇에 대한 감사함을 배운다. 별것 아닌 것 같지만 식사예절은 중요하다.

내가 아이들과 식사준비와 놀이를 겸해서 많이 한 것이 밀가루 반죽이었다. 수제비가 먹고 싶을 때면 아이들이 동원된다. 온통 하얗게 밀가루를 묻혀가며 반죽 놀이를 한다. 신 나게 가지고 놀고 맛있게 수제비를 끓여 먹으면 아이들은 무척 신기해했다. 김밥 싸기도 함께하면 아이들은 밥도 더 잘 먹고 놀이로 여겨 재미있어한다. 그 외에 나는 메추리알 까기도 시킨다. 처음에는 매끄럽게 벗기지 못해 노른자가 튀어나오기도 하고, 자기 입으로 먼저 들어가기도 했다. 그러나 중요한 것은 잘하는 것보다 함께 경험하고 느끼는 것이다.

많은 시간 아이와 함께 못한다고 아쉬워하는 워킹맘이라면 아이와 간단한 음식 만들기로 친해져 보자. 온종일 놀아주지 못해도 아이는 충분히 행복해하고 즐거워한다. 좋은 엄마는 아이와 함께 행동하는 엄마이다.

04
아이를 스스로 공부하게 하는 힘은 무엇일까?

아이들에게 "넌 왜 공부하니?"라고 질문하면 뭐라고 답할까? 정해진 답이 있는 것은 아니지만 대부분 아이는 자신을 위해 공부한다고 생각하지 않는다. "엄마가 하라고 시켜서요. 엄마가 100점 받으면 좋아해서요"라고 대답하는 아이가 의외로 많다. 이렇게 엄마를 위해서 공부하는 아이들의 공통점은 하나같이 자신의 '꿈'이 없다는 것이다. 학생이니까 당연히 공부해야 한다거나 공부를 못하면 집안이 시끄러워지니까 적당히 한다는 생각도 깔려 있다.

공부는 아이가 스스로 해야 한다. 누구나 알고 있는 사실이지만 아이의 성장 과정을 지켜보면, 처음부터 아이가 알아서 하는 것은 없다. 매 순간 부모의 도움이 필요하다. 공부는 특히 더 많은 관심이 필요하다. 무슨 일을 시작할 때 우리는 마음속으로 결심한다. 목표도 정하고 나름 비장한 각오로 좋은 결과를 얻기 위해 노력한다. 아이들도 나름 생각한다. '이번 시험은 잘 볼 거야. 꼭 100점을 받겠어.' 그러나 대부분 만족할 점수를 받지 못하는 것이 현실이다.

엄마는 속이 탄다. "공부하라고 할 때 안 하니까 점수가 그렇지. 엄마 말을 안 들어서 그런 거잖아" 하고 온통 부정적인 말만 쏟아낸다. 마치 이번 시험으로 아이의 인생이 결정된 듯 속상해 한다. 아이는 큰 죄를 지은 듯 고개 숙이고 자신감이라고는 찾아 보기 힘들다. 이렇게 야단쳐서 다음 시험을 알아서 잘 보면 좋겠지만 악순환은 계속된다. 이유는 엄마가 점수로만 아이를 평가하고 말로만 다그치기 때문이다. 공부하라고만 하면 아이는 거부반응이 생긴다. 무엇을 어떻게 해야 할지 모르기 때문이다.

이럴 때 필요한 것은 공부의 목표를 세우는 것이다. 하지만 엄마가 세운 목표로는 곤란하다. 아이가 세운 목표여야 한다. 엄마는 아이가 좋은 목표를 향해 갈 수 있도록 조력자 역할을 해주면 된다. 공부하는 목표가 생기면 아이의 태도는 달라진다.

작은 보상이 아이를 춤추게 한다

우리 아들은 초등 4학년이었을 때 비싼 망원경을 사고 싶어 했다. 아빠는 아이와 얘기 끝에 본인이 정한 시험 평균점수에 도달하면 망원경을 사주기로 결정했다. 망원경은 장난감보다 비싼 편이어서 시험에서 전과목 00점 이상이라는 조금 높은 조건을 걸었다. 아들은 정말로 그 망원경이 갖고 싶었는지 시험기간에 그 어느 때보다 열심히 노력했다. 그리고 원하던 점수를 받아 성공적으로 망원경을 선물 받았다.

한동안 아들은 아파트 안에 망원경을 설치하고 하늘을 관찰했다. 달도 보고 별도 보고 기뻐했다. 시골 외가에까지 가져가서 자랑했다. 그 어떤 걸 받았을 때보다도 기뻐하는 아들의 모습을 보면서 아들이 얻은 것은 망원경이 아니라 성취감이었다는 것을 알 수 있었다. 스스로 노력해서 얻은 성취감은 무엇과도 바꿀 수 없다. 그 후로 아들은 원하는 것이 있으면 아빠와 협상하기 시작했다.

처음에는 원하는 것이 돈과 관련된 것이기 때문에 공부에 대한 나쁜 인식이 생길까 우려도 있었다. 하지만 사람은 욕망이 발동해야 행동하는 법이다. 욕망을 적절하게 활용하면 공부하고자 하는 의욕으로 끌어올릴 수 있다. 직장인들이 돈을 벌어 사고 싶은 것을 사는 것은 한 달 동안 열심히 일한 나에게 주는 선물이라고 생각하기 때문이다. 아이들도 칭찬과 함께 보상이 따라야 더 잘하려는 욕구가 생긴다. 공부를 잘해야겠다는 마음이 먼저 생겨야 공부하게 된다. 부모는 그 욕구를 어떤 방법으로든 조금만 자극하면 되는 것이다. 그래서 우리 아이들 방에는 공부를 열심히 한

덕에 획득한 상품이 무척 많다. 아이들은 부모가 그냥 사준 것보다 자신이 노력해서 얻은 물건들을 더 소중하게 다룬다.

아이들은 스스로 공부 목표를 세우고 동기 부여를 하기에는 아직 경험이 부족하고 서툴다. 공부에 재미를 느끼는 순간까지 부모가 계속 관심을 줘야 한다. 어른도 하기 싫은 일이 많다. 아이는 더 말할 것도 없다. 공부보다 재미있는 것들의 유혹을 뿌리치기가 힘들다. 요즘은 스마트폰 하나만 있어도 게임이나 동영상 등으로 시간 보내기가 너무 좋다. 그러다 보니 아이를 바른길로 인도해야 할 부모의 역할이 더 중요해지고 있다. 부모 노릇이 더 힘들어지고 있다. 아이 생활에 전반적인 관심은 물론 관리까지 필요하다. 똑똑한 아이들을 제어하기 위해 부모가 해야 할 일이 늘어났다.

아이가 공부라는 것 자체에 관심이 없어서 동기 부여가 힘들다는 엄마도 있을 것이다. 그런 경우라면 공부를 말하기 전에 일상의 생활에서 칭찬을 먼저 적용해보면 된다. 아이가 칭찬을 받을 만한 상황을 만들어보자. 아이에게 심부름을 시켜보면 어쩌다 한 번 하는 일이다 보니 불만 없이 책임을 완수한다. 이럴 때 엄마는 당연하게 여기지 말아야 한다. 무조건 칭찬해야 한다. 칭찬을 받으면 아이들은 금방 기분이 좋아지고 다음에는 더 어려운 심부름도 할 수 있다는 자신감을 얻는다.

우리 아이들은 항상 칭찬이 고프다. 그런데 아이가 온종일 들는 것은 명령어이다. 학교에 가도, 학원에 가도 해야 할 일만 가득하다. 집에 오면 엄마의 잔소리가 시작된다. 아이의 마음이 어떨까? 해야 할 일만 많고 하고 싶은 일은 못한다. 그런 분위기 속에서 과연 아이는 공부하고 싶을까? 마지못해 책상에 앉을 수는 있지만, 이 경우 그냥 앉아 있는 것이지 집중해서 공부하는 것이 아니다. 엄마도 너무 지친다. 이런 악순환을 끝내기 위해서는 아이가 스스로 공부하게 만들어야 한다.

꿈과 목표와 성취감이라는 삼각관계

우선 내 아이를 관찰해보자. 우리 아이는 무엇을 잘하는지, 어떤 것에 몰입하는지 찾아봐야 한다. 유난히 행복한 표정을 짓는 일이 있다면 답을 찾은 것이다. 즉 아이가 하고 싶어하는 일과 꿈을 연결하는 길을 발견한 것이다.

아이들에게 보통 꿈이 무엇이냐고 물어보면 잘 모른다고 대답한다. 야무지게 자신의 꿈과 목표를 설정한 아이는 드물다. 그런데 꿈이 있는 아이들은 공부뿐만 아니라 평소 모습부터 다르다. 매사에 자신감이 넘친다. 공부에도 관심을 보인다. 스스로 하고 싶은 일이 있기 때문이다. 아이의 꿈을 엄마가 대신 이뤄줄 수는 없다. 마찬가지로 부모의 못다 이룬 꿈을 자식이 이룰 수도 없다.

가끔 자신의 꿈을 자식이 이뤄주기를 기대하는 부모도 있는데 바람직하지 못한 모습이다. 아이들은 그런 식으로 동기 부여되지 않는다.

나의 경험으로 미루어 본다면 가장 좋은 방법은 아이가 공부할 시기에 부모와 함께 공부습관을 만드는 것이 첫 번째 할 일이다. 그것으로 끝나지 않고 계속해서 아이의 관심사를 고려하여 공부와 관련지어 호기심을 자극해주는 것이 필요하다.

우리 아들은 중학교에 입학한 후에야 자신의 꿈을 결정했다. 주변에 보면 초등학교 때부터 꿈이 명확하여 흔들림이 없는 아이도 있을 것이다. 하지만 꿈이라는 것은 변할 수 있고, 30대나 혹은 40이 넘어서 꿈을 찾기도 한다. 당장 없다고 문제되지는 않는다는 말이다. 그렇지만 꿈을 일찍 찾으면 그만큼 시간을 아낄 수 있다. 아들은 꿈이 명확해지면서 공부에 대한 강한 동기가 생겼다.

아들은 탐정과 관련된 일에 호기심을 보였다. 평소 '명탐정 코난'을 빼놓지 않고 꼭 챙겨 보는 열렬 팬이었는데, 고등학생이 된 지금도 변함이 없다. 사건을 추리하는 데 재미를 보이고 범인을 탐색하는 거라면 자다가도 벌떡 일어날 정도로 좋아했다. 평소에도 무엇인가 궁금하면 직접 해봐야 직성이 풀리는 아이였다.

하루는 아빠가 그런 아들에게 "넌 프로파일러 하면 적성에 맞을 것 같다"고 하자 아들은 "프로파일러가 뭐예요?"라고 물었다. "이제부터 스스로 관련 자료를 찾아봐." 아빠의 말에 아들은 관련

인물도 검색하고 책도 찾아 읽었다. 그렇게 직업에 관한 조사가 끝나고 아들은 질문했다.

"아빠, 프로파일러가 어떤 것인지는 알겠는데 프로파일러가 되려면 무슨 고등학교에 가야 할지 모르겠어요."

"넌 무슨 과목이 제일 재미있어?"

"영어가 제일 자신 있어요."

"그럼 영어를 우선시하는 외국어고등학교도 괜찮을 것 같다. 프로파일러가 되려면 경찰대로 진학하는 것이 유리한데 외고 졸업생 중에 경찰대에 진학한 사례가 있는지 알아보면 좋을 것 같다."

당장 아들은 외국어고등학교에 진학한 선배를 찾았다. 선배에게 입학 과정을 듣고는 하나씩 입시를 준비했다. '프로파일러'라는 꿈이 생기자 '외국어고등학교'라는 목표가 생긴 것이다. 이 목표는 아이가 열심히 공부하는 최고의 동기가 되었다. 꿈을 이루기 위한 외고 진학의 결과는 아들에게 더 큰 성취감을 안겨주었다.

성취감이 뇌에 각인되면 또다시 그 기분을 느끼기 위해서 노력하게 된다. 꼭 공부가 아니어도 자신이 한 행동에 칭찬과 보상이 따르면 다음 행동을 계획하게 된다. 지금 바로 칭찬으로 시작해보자. 꿈을 찾으면 더욱 공부에 날개를 달게 될 것이다.

05
공부의 기본기는 독서와 일기 쓰기다

독서가 좋다는 것은 누구나 알고 있다. 엄마라면 누구나 내 아이가 책을 좋아하는 사람으로 성장하길 바란다. 대한민국에서 아이를 키우는 웬만한 집에 방문하면 거실 책장에는 어김없이 전집들이 줄지어 있다. 유명한 책들은 모두 있다. 생활의 여유가 없어도 아이를 위해 과감하게 50권, 100권짜리 전집을 카드할부로 살수 있는, 학구열에 불타는 부모가 대한민국 부모다. 그러나 아이는 어떤가? 엄마 속도 모르고 열심히 읽지 않는다. 책에 먼지만 쌓여간다.

특히 워킹맘들은 회사일과 집안일로 바쁘기 때문에 불안하고 미안한 마음에 비싼 책도 과감하게 구매한다. 그러나 정작 아이는 볼 마음이 없다. 자신이 관심 있는 분야가 아니기 때문이다. 나도 예전에 아이의 의견을 묻지 않고 내가 읽히고 싶은 책을 구매한 적이 있다. 역시나 아이는 흥미가 없었고 몇 권 억지로 읽었다.

그래서 나는 아이들에게 억지로 읽게 하기보다는 호기심을 유발하는 작전을 썼다. 나는 일부러 아이들 앞에서 책을 읽는다. 그러면 아이들은 책 읽는 나를 보며 묻는다.

"엄마, 그 책 무슨 책이에요? 재미있어요?"

"응, 엄청나게 재미있어. 줄 긋고 별표 그리면서 보고 있잖아."

아이들은 의심스러운 눈초리를 보낸다. 그림책만 보던 아이들은 글밥이 많은 책에는 익숙지 않다 보니 무조건 어렵다고 생각하는 경향이 있다. 나는 아이들이 크는 내내 석사, 박사 과정을 계속했고, 지금은 강의를 준비하느라 전공서적을 끼고 산다. 그 외에도 여유시간이 생기면 무조건 책부터 챙겼다. 엄마의 책 보는 모습을 늘 가까이에서 접한 아이들은 이제 엄마가 책 읽는 것을 자연스러운 모습으로 인식한다.

책 읽는 아이가 공부 잘하는 이유

나는 아이들이 어릴 때 도서관을 자주 이용했다. 주말에 온종일 집에서 지지고 볶는 것보다 바깥으로 나가는 것이 현명한 선택이었다. 도서관에 가면 책을 보기도 하지만 간식 사 먹고 놀이터에서 노는 재미가 쏠쏠해서 아이들은 무척 좋아했다. 가끔 시간이 맞으면 도서관에서 어린이 영화도 볼 수 있다. 전시회도 열린다.

도서관에는 어린 아이들이 책을 보는 코너가 따로 있어서 부모가 같이 책을 고르고 읽을 수 있다. 처음에는 읽기보다는 아무 책이나 빼서 쌓고 노는 수준이었다. 그래도 가끔 관심 가는 책을 들고 와서 보기도 했다. 첫술에 배부를 순 없다. 이런 경험이 아무것도 아닌 듯하지만 아이에게는 책과 친해지는 계기가 된다. 엄마가 힘들어도 꾸준하게 책을 같이 봐야 하는 이유다.

아이들이 도서관에 관심을 보일 즈음에 나는 아이들 이름으로 도서대출 카드와 통장을 만들었다. 아이들이 고른 책은 직접 카드로 대출하게 했다. 우리 가족 이름으로 대출 가능한 책은 20권이었다. 2주간 마음껏 보고 반납하면 된다. 아이들은 대출하고 통장에 찍히는 책 목록을 보며 경쟁하듯 책을 빌렸다. 아이가 책을 많이 읽게 하고 싶다면 이렇게 책과 친해지게 하는 것이 시작이다. 집에서 잔소리하고 싸우는 것보다 도서관에서 책 읽는 다른 아이들의 모습을 보여주는 것만으로도 좋은 교육이 된다.

도서관에는 크고 작은 행사가 자주 열린다. 다독하는 아이들을 위해 독서왕도 뽑고 가끔은 작가가 와서 책을 읽어주기도 한다. 도서관을 잘 활용하면 얻는 것이 많다. 학교에서 학년마다 권장하는 도서도 대출이 가능하다. 권장도서는 경쟁이 치열해서 방학 때는 대기가 길지만, 기다리다 읽는 만큼 아이들에게 더 효과만점이었다.

아이들과 함께 가지 못하는 경우에 나는 아이들이 볼만한 책을 대출해서 날랐다. 종류를 가리지 않고 책을 대출하기 위해 도서관을 수없이 오갔다. 특히 도서관은 주말에도 운영하는 것이 큰 매력이다. 워킹맘에게는 매우 감사한 일이다.

우리 아이들은 코믹메이플스토리 《수학도둑》을 좋아한다. 이 책을 도서관에서 읽은 후 구매한 후에도 여러 번 읽었다. 아이들은 한 권씩 출간될 때를 기다려 구매하는 재미를 누렸다. 시험을 잘 보거나 상을 받아 오면 어김없이 "엄마, 수학도둑 주문해주세요"라고 말했다. 자신이 노력했으니 대가로 받겠다는 것이다.

나는 책에 있어서 만큼은 종류를 가리지 않았다. 만화책이든 그림책이든 아이가 흥미를 보이면 대출하거나 구매해주었다. 기본적으로 책 읽는 습관이 잡히면 여러 장르의 책을 읽는 것은 나중에 저절로 가능해진다. 아이가 흥미를 보이는 책을 보게 하는 것이 빠르게 독서습관을 잡는 방법이다.

책을 보면 저절로 오래 엉덩이를 붙이고 집중하는 습관이 든다. 독서는 공부하는 기본자세인 것이다. 공부 잘하는 아이들이 하나같이 책을 좋아하는 이유다. 책의 지식이 공부 지식과 연결되는 통로라는 것은 말할 것도 없다. 공부의 기본기를 독서로 잡아보자.

일기 쓰기가 가져다준 선물

공부습관에 또 하나 빠질 수 없는 것이 바로 일기 쓰기이다. 일기란 하루의 기록이다. 매일 일기를 쓴다는 것은 아이들이 매일 하루의 일을 돌아보고 글을 쓰는 습관을 기르는 일이다. 사실 매일 일기를 쓴다는 것은 어른도 힘들다. 그런데 아이들이 매일 할 수 있을까 싶다. 하지만 습관이 되면 가능하다. 일기 쓰기는 초등학교에 입학하면 자연스럽게 하는 것이므로 이때를 놓치지 않고 아이가 일기 쓰기에 재미를 붙이게 하면 이후로도 쭉 일기를 쓰게 된다.

나는 내 아이들에게 일기 쓰는 습관은 꼭 길러주고 싶었다. 독서가 공부하는 습관으로 연결되듯이, 일기 또한 글을 쓰는 습관으로 연결될 뿐만 아니라 사고력을 향상시키기 때문이다.

일기 쓰기 습관을 만들기 위한 나의 실천방법은 아이들이 한글을 배우는 시점으로 거슬러 올라간다. 이제 막 한글을 어설프게 알고 고작 몇 개의 단어를 알던 여섯 살 때였다. 당연히 거창한 일기를 기대하기는 어려웠다. 그러나 잘하는 것은 나중의 일이고, 일단 시도하는 것이 중요했다. 그림일기는 글자라고 해봐야 몇 자 들어가지도 않고 그림이 대부분이라 아이들이 어렵지 않게 느낀다. 그러나 아직 표현력도, 한글도 미숙한 아이들에겐 그것도 쉬운 일은 아니다. 일기를 쓰다 보면 첫 번째로 띄어쓰기에 부덮히게 된다. 아이들은 대부분 처음에는 글자를 다 붙여 쓴다. 글자도 당연히 틀린다. 그럴 때 나는 잔소리하지 않고 일기를 한번 읽어보라고 했다. 딸은 다닥다닥 글자가 붙어 있는 자신의 일기를 단숨에 읽고는 숨을 몰아쉬었다.

"엄마, 어디서 숨을 쉬어?"

왜 띄어쓰기를 해야 하는지 경험으로 익히게 된다. 그러나 여전히 글자는 하나씩 틀린다. 이때는 지적하고 싶은 마음을 눌러야 한다. 답답해도 참아야 한다. 아이가 고칠 수 있게 배려해야 한다.

딸은 아들에 비해 성격이 꼼꼼하지 않았다. 일기를 검사하면 문맥이 자연스럽지 못했다. 그런데 소리 내어 자신의 일기를 읽게 하면 그 순간 집중했다. 그리고 자신의 표현법이 잘못된 것을 깨달았다. 그러고는 그냥 웃었다. 그러면 나는 다시 수정해서 읽게 했다. 스스로 첨삭하게 하는 것이다. 수정한 표현이 맞으면 박수를 쳐줬다. 칭찬은 보너스다.

아이들은 빨리 검사 받고 놀고 싶다. 덜렁거리는 성격도 한몫하지만, 아이니까 실수는 할 수밖에 없다. 그렇다고 매일 지적당하면 어떤 마음이 들까? '오늘도 또 틀렸네. 이제는 일기 쓰기 싫다'는 부정적인 마음이 들기 마련이다. 따라서 아이를 칭찬할 때는 잘하는 것에 초점을 맞추지 말고 실행했다는 것에 의미를 둬야 한다.

초등학교 때 일기장을 검사하는 선생님의 답글을 떠올려보면 보통 칭찬이나 관심의 글을 써주셨다.

"엄마 심부름을 잘해서 칭찬받았구나." "오늘 수업시간이 재미있었다고 하니 선생님도 기쁘구나." 이런 관심의 글을 아이들은 매우 좋아한다. 꼭 글이 아니더라도 '참 잘했어요' 도장도 괜찮다. 그것도 귀찮으면 하트를 하나 그려줘도 된다. 학교 선생님은 매일 아이들의 일기 검사를 할 수 없지만 집에서는 가능하다. 잠들기 전 부모가 잠깐 아이들의 일기를 검사하는 시간을 가지면 된다. 그래야 계속할 수 있는 힘이 길러진다. 아이들이 원하는 것은 관심과 칭찬이다.

"엄마, 오늘 일기는 뭐 쓰지?" 아이들은 일기는 특별한 일을 기록하는 것이라 생각한다. 그렇지만 어떻게 매일 마술 같은 일을 경험하겠는가.

"그럼 오늘은 만약에 너에게 요술램프가 생기면 무엇을 하고 싶은지 써볼래?"

"그건 일기가 아니고 글짓기 아니에요?"

아이들은 고정관념에 사로잡혀 있다. "일기는 사실을 쓰기도 하지만 생각과 느낌, 상상을 쓴다고 해서 잘못된 것은 아니야" 하고 알려주면 아이는 신 나게 일기를 쓴다. 다 쓴 후에 읽어보면 아이들의 창의력을 엿볼 수 있다. 덤으로 살짝 아이의 소원도 알게 된다.

6세부터 쓰기 시작한 일기를 모으자 이렇게나 많았다. 왼쪽은 아들이 중학교 때까지, 오른쪽은 딸이 초등학교 때까지 썼던 일기장들.

일기 쓰기도 매일 하다 보면 슬럼프가 온다. 우리 아이들이 중학교까지 계속할 수 있었던 것은 주제일기 즉, 미래일기, 영어일기 등 상황에 맞게 쓸 수 있도록 내가 함께했기 때문이다. "일기는 다 썼어?"라고 압박하기보다는 아이가 고민하고 있다면 "오늘 주제는 뭐야?"라고 물어보면서 살짝 힌트를 주면 어떨까?

공부도, 일기도 매일 해야 하는 일이다. 기분 좋을 때는 쓰고 하기 싫을 때는 생략하면 서로가 편하기는 하다. 그러나 생각날 때 하는 것은 습관이 아니다. 세상일은 하고 싶은 대로 흘러가지 않는다. 허용되는 것이 있다면 허용되지 않는 것도 있다는 것을 가르쳐야 한다.

아들은 중3까지 매일 일기를 썼다. 지금은 바쁜 관계로 간단히 메모만 한다. 중1 딸은 지금도 매일 일기를 쓴다. 지금 두 아이의 일기를 합하면 책을 만들고도 남을 수준이다. 언젠가 책으로 엮어줘야지 하고 생각하고 있다.

　나는 아이들의 공부를 위해 유난을 떨지는 않았다. 오히려 학교에도 잘 방문하지 않고 과외도 시키지 않았다. 공부는 스스로 해야 하는 것이라 믿었기 때문이다. 우리 아이들의 공부습관의 밑바탕은 다년간 부모와 함께한 일기 쓰기와 독서라고 믿는다. 지금 당장의 결과를 내는 것이 과외라면, 독서와 일기는 뒷심을 발휘하는 학습습관임이 틀림없다.

06
오늘부터 한 장씩 시작하는 매일 공부

우리는 매일 해야 하는 일에 부담감을 느낀다. 그것이 공부라면 더더욱 못마땅하다. 재미있는 일이 아니므로 아이들은 더 거부 반응을 보인다. 공부에 너무 욕심을 부리지 말자고 생각하지만 엄마는 늘 불안하다. 옆집 누구는 지금 어느 수준이라는데 우리 아이는 기대치에 미치지 못해 속이 상한다. 그래서 항상 잘한다는 옆집 아이의 비결을 궁금해한다. 그러나 그 비결이라는 것을 흥분하며 듣기는 하지만 그뿐, 크게 받아들이지 않는다. '부럽다고 한들 내가 그렇게 할 수 있겠어?'라고 생각하기 때문이다. 나도 엄마이고 직장에 다니기 때문에 누구보다 공감한다. 우리는 비법을 모르는 것이 아니다. 단지 실천이 어려울 뿐이다. 이유는 처음에는 해보려고 시도하지만 점점 일이 커지고 버거워 결국 포기하기 때문이다. 그러고는 '저 사람은 나와 다르지'라고 결론 낸다.

나 역시도 책을 보면서 되지 않는 핑계를 많이 찾았다. "이 엄마는 정말 대단한 사람이구나"라고 생각했다. 이 책을 보는 독자들도 그렇게 생각할 수 있다. 그러나 나는 정말 평범한 엄마다. 직장에 다니고 두 아이를 키운다. 특별해서 책을 쓰는 것이 아니다. 평범한 엄마가 실천한 공부방법은 누구나 할 수 있다.

아이들에게 "공부해"라고 소리치지 말고 "오늘부터 한 장씩 엄마와 함께 공부해보자"고 제안해보자. '한 장'이라는 분량이 아이들의 뇌리에 박힌다. 그 정도는 금방 하고 놀 수 있겠다는 계산이 선다. 한 장이라니, 일단 만만하다. 그러나 공부습관이 없는 아이가 한 장을 알아서 풀 것이라 안심하면 안 된다. 공부를 처음 시작할 때는 엄마의 노력이 함께해야 빛을 발한다.

엄마와 하는 공부는 자기주도학습을 위한 연습이다

아이와 함께 공부라는 것을 해보면 문제도 제대로 읽지 않고 설렁설렁 대충 하는 게 눈에 보인다. 빨리하고 놀 생각에 마음은 콩밭에 가 있다. 엄마들은 아이의 이런 모습에 속이 타지만 사실 생각해보면 당연하다. 아이가 처음부터 집중해서 정답을 척척 맞히면 엄마가 같이 공부할 필요가 없다. 이 시기를 인내해야 한다.

나는 모든 지문을 읽어보게 한다. 소리 내서 읽어보고 문제까지 읽어보라고 한다. 그러면 아이는 집중력이 떨어져 그 사이 지문과 문제가 연결이 안 된다. 즉 무엇을 묻는 건지 몰라 지문 따로 문제 따로 헤매게 된다. 헤매면서도 얼른 답을 표시하기 바쁘다. 그래야 빨리 공부가 끝나기 때문이다. 당연히 답을 비켜간다.

"강민! 문제 다시 읽어보자."

나는 문제를 파악했는지 물어보는 것인데 아들은 답을 말한다. 그것도 틀린 답을 말이다.

"아니, 답은 나중에 말하고 문제를 자세히 소리 내서 읽어보라고."

한 문제라도 스스로 생각해서 풀게 하고 싶은 것이 엄마의 마음이다. 그런데 아이는 빨리하고 놀고 싶다 보니 답을 체크하면 문제를 푼 것이고 그러면 공부는 종료된다고 생각한다. 이럴 때 해결 방법은 아이들의 집중시간은 짧다는 것을 인정하고 최소한으로 시작하는 것이다. 하루에 한 장만 하는 것이다. 한 장이라고 하면 국어 문제집의 경우 지문을 빼면 실제 풀이하는 문제 수는 매우 적다. 그러니까 이 시기에는 많은 문제를 풀기 위함이 아니라 하루 한 장을 할 수 있는 인내력을 기르는 것이다.

수없이 이런 과정을 되풀이해야 한다. 이때는 정답을 찾는 것에 집중하기보다 어떻게 공부하는가에 집중해야 한다. 이렇게 길들여야 하루 한 장의 공부를 혼자서 할 수 있게 된다.

남자아이는 대체로 산만하다. 우리 아들도 딱 그랬다. 책을 보고 앉아도 금방 물 먹겠다고 일어난다. 동생이 옆에 오면 가만히 있지 못하고 간섭해야 직성이 풀린다. 자기 장난감을 만지면 금세 다툼이 일어난다. 둘째도 한몫 거든다. 싸인펜, 색연필이 총출동해서 낙서가 시작된다. 책상 앞에 앉았는데도 공부를 하는 건지 싸움을 하는 건지 헛갈린다.

그래도 엄마는 포기하면 안 된다. 하루의 공부를 끝내지 않으면 아무것도 할 수 없다고 못을 박아야 한다. 좀처럼 엄마가 상상하는 공부하는 모습이 실현되지 않더라도 원칙을 가지고 밀고 나가야 한다. 정신이 없기는 하지만 첫째가 공부라는 것을 하게 되면 둘째는 자연스럽게 따라 하게 된다. 나중에 둘째가 공부할 시기가 되면 자연스럽게 자신도 해야 하는 것으로 인식한다. 오히려 더 빨리하려고 덤빈다. 그래서 여러모로 둘째 키우기가 수월하다고 하는지도 모르겠다.

아이마다 성향은 다르겠지만, 우리 딸은 오빠가 하는 것에 관심이 많았다. 오빠에게 해주는 것은 자기도 똑같이 하는 것이 당연하다고 여겼다. 결과적으로 그 덕에 공부하는 시기가 빨라졌다. 오빠가 문제집을 사서 풀면 자기도 사달라고 했다. 그래서 오빠가 공부할 때 색칠공부를 하거나 숫자 따라 쓰기 연습을 했다.

6세 무렵에는 보통 한글 따라 쓰기를 시작한다. 연필 잡는 것도 연습해야 할 수 있듯이 모든 과정에 부모의 관심이 요구된다. 먼저 바르게 잡는 방법을 알려주고 시범을 보인다. 고사리 같은 손으로 글씨를 쓰면 가운데손가락 부위가 눌려 불편한 경우가 있다. 딸의 경우 손가락이 아파서 불편하다고 이상하게 연필을 잡은 적이 있었다. 그 뒤부터는 글씨 쓸 때마다 연필 잡는 법을 관찰했다. 예쁜 글씨를 강조하고 오빠보다 잘한다고 부추겨서 조금씩 고쳐나갈 수 있도록 교정해주었다.

요즘 대학생들의 볼펜 잡는 모습을 보면 다양하다. 그래서인지 글씨도 삐뚤빼뚤 제멋대로이다. 야무지게 안정감 있게 잘 잡아야 글씨도 바르고 예쁘게 써진다. 연필 잡는 법은 어릴 때 제대로 배우고 바르게 쓰는 습관을 들여야 한다.

한글을 배우는 단계에서 아이들의 글쓰기는 많은 인내력을 요구한다. 엄마는 속이 터질지라도 아이가 한 글자씩 천천히 쓸 수 있게 기다려야 한다. 한 글자가 하나의 단어가 되고 문장이 된다. 아이가 한 문장을 익히고 배우는 데는 많은 시간이 걸린다. 조바심을 내려놓고 천천히 가야 한다.

학습지를 해본 경험이 있다면 알 것이다. 국어 학습지는 아이가 한글을 따라 쓰도록 되어 있다. 따로 학습지를 하지 않았던 나는 학습지를 흉내 내서 학습지 분량 정도를 노트로 만들어주었다. 만약 쓰는 부분이 부족하면 따로 공책에 만들면 된다. 이 방법은 생각보다 번거롭지 않고 꽤 간단하다. 엄마가 단어를 적어주고 아이가 따라 쓰게 하면 된다.

"우리 아들 잘한다. 글씨 정말 예쁘게 썼네. 한 번만 더 쓰면 오늘 공부 끝!"

"엄마! 나 서연이 보다 잘하지?"

"당연하지, 오빠가 더 잘하지. 공부 다 하고 뭐 하고 싶어?"

칭찬에 약한 아들은 이렇게 칭찬하고 동생을 살짝 이용하면 의욕이 불타오른다. 이런 하루 글쓰기 연습이 쌓이면 서로가 편해진다. 훈련이 잘되면 나중에 받아쓰기 연습할 때도 수월하다. 그러니 지금 하는 공부는 나중에 잘하기 위한 사전연습인 것이다. 공부 경험이 없는 아이가 초등학교에 입학한다고 해서 저절로 공부가 될 리 만무하다.

하루 한 장을 고집하는 이유

단어를 알고 뜻을 연결하고 문장을 읽고 만드는 연습이 계속되자 책을 보는 일이 점점 수월해졌다. 간단한 그림동화 정도는 읽을 수 있는 수준이 되었다. 한 장에 몇 줄 정도의 그림책은 그림을 보면서 금방 읽었다. 그러면 이때를 놓치지 말고 좋아하는 책을 보게 해야 한다. 아이가 좋아하는 책과 비슷한 주제의 책을 준비한다. 동물 관련이든 자동차 관련이든 아이의 관심사에 맞는 책을 아이 손이 닿는 곳곳에 두면 된다. 그럼 아이는 오며 가며 책을 들춰보고, 그림을 보는 듯하지만 글자를 알기 때문에 문장에도 살짝 눈이 간다. 책을 강요하기보다는 아이의 눈앞에 노출을 하는 방법이다.

아이가 어느 정도 혼자서 한 장 분량의 하루 공부를 할 수 있는 수준이면 엄마와 매일 같이 문제를 풀 필요는 없다. 나는 오히려 그때는 혼자 하게 두었다. 대신에 퇴근하면 문제를 잘 읽고 풀었는지 확인했다. 그러면 그날 어떻게 학습했는지 눈에 그려진다. 문제를 대충 읽고 푸는 날도 있다. 어떤 날은 하기 싫었는지 모든 문제에 모른다고 온통 별표다. 아이이기 때문에 하기 싫은 날이 더 많을 수 있다. 무조건 야단치기보다 오늘 무슨 일이 있었는지 먼저 알아보아야 한다. 공부하기 힘들었던 아이만의 타당한 이유가 있을 수 있다. 야단칠 일이 있다면 당연히 야단쳐야 하지만 공부와 연결해서 강력하게 비난하면 아이는 상처받는다. 이런 일이 반복되면 공부를 싫어하는 아이가 될 수 있다.

아직 공부라는 것에 익숙한 나이가 아니므로 아이의 마음부터 살펴야 한다. 대신 하루 공부는 계속해야 한다. 아이의 머릿속에 '내가 꾀를 부려도 해야 하는 것은 하는구나'라는 인식이 심어져야 한다.

하루는 아들의 문제집이 너무 깨끗했다. 그런데 답이 체크가 되어 있었다. 느낌이 왔다.

"강민! 오늘 공부 열심히 했네."

"네…… 엄마."

문제를 읽어보지도 않고 답만 체크했다는 것이 눈에 선했다. 아들도 이미 잘못을 알고 있다. 눈동자가 흔들리고 야단맞을 거라고 예상하고 있다.

"내가 모를 줄 알았니? 너 공부 안 하고 놀았지? TV 봤지?" 이런 말이 하고 싶다. 실제로 화가 나서 그렇게 다그친 적도 있다. 그런데 그러고 나면 시원하기보다 죄책감이 들고 아이한테 화풀이한 것 같아 마음이 불편했다. 결국은 '내가 일을 하니까 그렇지' 하고 자책하기도 했다. 이럴 때는 엄마가 좀 더 여유 있게 다가가는 것이 좋다.

"오늘은 공부하기 싫었나 보네. 그럼 엄마랑 다시 풀어보자."

그러면 아이는 냉큼 와서 옆에 앉는다. 그리고 문제를 풀기 시작한다.

"그래, 이렇게 집중하면 풀 수 있는데 하기 싫어서 그랬구나. 다음에는 속상한 일 있으면 미리 얘기해줘." 이렇게 달래도 본다. "오늘 할 일을 다 못했으니 내일은 두 장 풀어" 이렇게도 해본다. 이 방법은 계속 사용하면 역효과가 날 수 있지만, 오늘 할 일을 미루면 해야 할 일이 늘어난다는 것을 알려주기 위해서 종종 사용했다.

모범 답안은 곳곳에 많다. 그렇지만 자식은 어른들의 기준인 모범적인 아이로 행동하지 않는다. 그러므로 나만의, 내 아이만의 기준이 필요하다. 남들과 같은 모범적인 아이로 키울 필요는 없지만, 부모에게 나만의 교육 철학은 있어야 한다.

내가 경험한 바로 아이들에게는 일정한 규칙, 벌칙, 칭찬이 어우러져야 한다. 칭찬받을 일에 칭찬해야지 잘못한 일에 칭찬하면 아이도 안다. 적당한 긴장감과 지켜야 하는 규칙이 있어야 책임감이 생긴다. 자식 교육이 힘든 이유다. 하나만 잘해서 되는 것이 아니다. 공부도 잘해야 하고 인성도 좋아야 하고 건강해야 한다. 그 모든 것을 이루기 위해 우리가 추구하는 교육은 바른 인성에 바른 생활이다. 인성이 된다면 공부는 자연스럽게 따라온다.

인식이 습관이 되기까지는 많은 시간과 노력이 필요하다. 마치 매일 밥을 먹는 것처럼 자연스러운 일상이 되게 하려면 일관성을 유지해야 한다. 말이 일관성이지 한 장 하는 공부조차도 매일 챙기는 것이 쉽지 않다.

이렇게 엄마와 매일 하는 하루 공부는 초등학교에 입학하고도 계속되었다. 분량은 더도 말고 덜도 말고 딱 한 장이다. 학교에 입학할 정도의 연령이면 사실 한 장은 이제 쉽게 느껴진다. 그럼에도 한 장을 고집한 이유는 매일 하는 습관을 들이기 위해서였다. 아이들은 하루 빠지고 내일 두 장 해도 되지 않을까 생각한다. 이런 것을 용납해주면 하루가 아니라 일주일 분량도 쉽게 쌓인다. 이렇게 분량이 많아지면 금세 하기 싫어진다.

아이의 마음을 왜 모르겠는가. 친구와 놀다 보면 시간도 없고 학교 숙제도 해야 하고 나름의 핑계가 많다. 꼼수가 다 보이지만 나는 무슨 일이 있어도 하루의 분량을 완수하게 했다. 책임을 다 하지 못하면 벌칙도 정했다. 아직 자신을 제어할 정도의 자제력이 없으므로 부모의 개입이 필요한 것이 당연하다.

많은 시행착오 끝에 우리 아이들은 하루 분량을 지키는 아이로 변했다. 주중과 주말을 가리지 않고 오답을 체크하고 아이들과 함께한 시간이 있었기에 가능했다. 한 장의 문제에 집중하는 습관은 학교생활에도 영향을 미쳤다. 수업시간에 충실한 아이가 되었다. 무엇보다 학원에서 선호하는 아이가 되었다. 매일 한 장씩 공부하는 학습습관은 학교나 학원에서 요구하는 숙제를 수행하는 힘이 되었다.

하루에 한 장, 어떤가? 쉽지 않은가? 엄마와 아이 충분히 해볼 만한 만만한 분량이다. 문제집은 어떤 것이든 상관없다. 핵심은 매일 하는 것에 있다. 분량은 최소한의 공부, 오직 한 장이다. 하루 한 장은 별것 아니지만 한 달이 지나고 해가 바뀌면 무시할 수 없다. 도전해보자. 한 장의 의미는 습관 형성이다.

07
부모의 일관성 있는
태도가 공부습관을 만든다

　교육의 일관성은 부모가 옳다고 여기는 기준을 무조건 자식에게 강요하는 것이 아니다. 하나의 사건이라도 보는 관점에 따라 해석이 다르다. 같은 일을 경험해도 판단과 행동이 같지 않은 것도 같은 이치다. 부모가 아이의 같은 잘못을 두고 다른 행동을 한다면 어떨까?

　최근에 우리 딸은 친구 생일파티에 가서 즐겁게 논다고 귀가 시간을 지키지 못했다. 5시에 온다는 것이 6시가 되었다. 혹자는 그럴 것이다. 중1 정도면 그 시간에 귀가하는 것이 무슨 문제가 될까 하고 말이다. 그렇지만 우리 집은 아니다. 강도는 약해졌지만 지금도 아이들의 기본 생활규칙은 변하지 않았다.

　"아빠! 약속시간보다 늦었어요."

　딸은 이미 벌칙이 있을 거라는 것을 안다.

"왜 늦었어?"

"통닭을 시켰는데 늦게 배달되어서 먹고 온다고 늦었어요."

"그래도 네가 정한 시간은 지켜야지. 벌칙은 외출금지야."

이때 만약 아빠가 기분 좋은 일이 있어 "괜찮아, 오늘은 봐줄게"라고 한다면 우리 아이들은 오히려 이상하게 생각할 것이다. 지금까지 한 번도 그냥 넘긴 적이 없기 때문이다. 강도를 조정하되 자신과의 약속을 지키지 못한 부분에 대해서는 꼭 짚고 넘어갔다. 이제는 아이들도 이런 벌칙을 당연하게 받아들인다. 불만은 있을 수 있지만 자신의 잘못이 명백하면 이의를 제기하지 못한다. 차라리 다음에는 지키는 것이 낫겠다는 생각을 하게 된다. 그것이 자신에게 이익이라는 것을 깨닫게 되는 것이다. 아빠가 기분에 따라 다르게 판단한다면 아이들은 아빠의 말을 신뢰하지 않을 것이다.

우리 부부가 실천한 일관성은 크게 '아빠가 잡는 생활습관', '엄마가 잡는 공부습관', 그리고 '약속 지키기'로 정리할 수 있다.

첫째, 아빠가 잡는 생활습관

아빠는 아이들의 생활습관을 잡기 위해 일관성을 유지하고 감독 역할을 자처했다. 아이들의 생활 전반에 대한 생활습관은 항상 규칙적인 것을 강조했다. 남편은 늘 아이의 일상생활을 확인했다. 내가 밥을 챙기고 아이들을 씻기고 공부와 숙제를 챙긴다면, 남편은 아이들이 제시간에 잘 수 있게 했다. 바쁜 아침 시간에는 아이들이 스스로 기상하고 등교준비를 할 수 있게 뒤에서 지도해주었다. 워킹맘인 나의 아침은 언제나 바쁘다. 그래도 빠지지 않고 아침을 먹고 출근할 수 있는 것은 가족 모두가 각자의 일을 해주었기 때문이다.

사춘기 아이들은 부모 말을 잘 듣지 않는다. 아니 대화를 싫어한다. 그 이유는 대화가 되지 않는다고 생각하기 때문이다. 그러나 우리 집은 모든 것을 대화로 풀어나간다. 앞서 말한 것처럼 남편은 딸에게 외출금지를 시켰지만 무조건 제지만 하는 것은 아니다. 대신 아이가 좋아하는 일은 적극 지원한다. 그것이 공부와 관련이 없어도 공부에 동기 부여될 수 있다면 지지해준다. TV 드라마를 볼 때도 마찬가지다. 보고 싶은 드라마를 보기 전에는 자기 할 일이 끝나야 한다.

"서연아, 오늘 할 일은 다 했어?"

"음, 아직 일기 안 썼어요."

즉시 방으로 들어가 일기를 쓴다. 그리고는 다시 아빠와 드라마를 본다. 그렇다고 12시까지 TV 시청을 하게 두지는 않는다. 이렇게 아이에게 자유를 주되 무한정 허락하지는 않는다.

"아빠, 오늘 앨범 결재했어요?"

"응, 너 그 금액만큼 안마해줘."

딸은 신 나서 아빠의 다리를 주무른다. 얼마 지나지 않아 팔이 아파서 못한다고 한다.

"그럼 취소해야겠다."

"안 돼요."

만약 아이가 원하는 것을 아무 조건 없이 매번 해준다면 이런 상황이 연출될까? 우리는 부모니까 해주는 것이 당연하다고 교육하지 않는다.

"네가 이만큼 노력했으니까 해주는 거야." 부모라면 자식에게 다 해주고 싶은 마음이지만, 모든 것을 다해주는 부모가 현명한 부모는 아니다. 딸은 아이폰을 사고 '보물 1호'라고 지정했다. 만약 사달라고 해서 그냥 사줬다면 보물 1호가 되지는 않았을 것이다. 우리는 시험에서 목표점수 이상이 나와야 사주겠다고 약속했다. 딸은 그 휴대폰을 갖기 위해 노력했고 좋은 성적을 얻었다. 이렇게 해서 기능이 떨어지는 불편한 휴대폰에서 자신이 원하는 최신형 휴대폰을 얻을 수 있었다. 보물 1호가 될 만큼 기쁠 수밖에 없다.

아빠와 아이들의 이런 협상은 지금까지도 계속되고 있다. 아이가 원하는 것을 해주되 반드시 조건을 건다. 일상생활에 정한 규칙을 실천하지 않으면 불편함을 경험하게 한다. 이런 일련의 과정은 매번 아이들에게 관심을 가져야 가능하다. 아빠의 일관성 있는 관심과 태도는 현재진행형이다.

두 번째, 엄마가 잡는 공부습관

엄마는 아이들과 함께하며 매일 하는 하루 한 장 공부습관을 지켰다. 매일 해야 하는 일은 아이에게나 어른에게나 참으로 부담스럽다. 나는 퇴근해서 집에 돌아오면 해야 하는 집안일도 많고, 게다가 대학원 공부까지 하는 입장이라 더 바빴다. 그러나 나도 공부를 하는 처지이다 보니 아이들의 마음을 잘 이해할 수 있다는 장점이 있었다. 그리고 이미 내게 공부하는 습관이 있다는 것이 큰 힘이었다. 내 공부도 해야 했지만 아이들 공부를 확인하는 정도는 충분히 해줄 수 있는 것이라 여겼다.

아이가 6세 무렵부터 시작된 하루 한 장의 공부는 초등학교까지 계속했다. 지금 생각해보면 아이들이 그렇게 매일 할 수 있었던 것은 부모인 내가 직접 챙기고 함께했기 때문이었다. 그리고 그것보다 더 중요한 것은 한 장이라는 분량 때문이라 생각한다. 엄마가 욕심을 부려 하루에 한 시간씩 잡고 있다면 아이는 하지 않으려고 할 것이다. 우선 엄마도 지친다. 엄마의 하루 할 일은 늘어나는데 매일 아이와 한 시간씩 한다면? 내 경우는 둘째도 있으니 두 시간이 되는 것이다. 그런데 이 한 장만 지켰을 뿐인데 어느 덧 아이들은 스스로 공부하는 아이가 되었다. 이렇게 아이와 함께 공부한 성장 과정을 지켜보면 뿌듯할 때가 많다. 우선 내 아이에게 부족한 점, 내 아이가 잘하는 것이 무엇인지 발견하게 된다.

만약 집안일을 잘 하지 않는 주부라면 마트에서 장을 볼 때 무엇을 사야 할지 모를 것이다. 눈에 보이는 할인하는 것들만 사게될 확률이 높다. 그러나 살림을 하는 주부라면 냉장고부터 살필것이다. 무슨 음식을 할 것인지를 생각하고 필요한 재료를 구매할 것이다. 무슨 일이든지 내가 참여하는 일은 그 과정과 결과를 알게 된다.

아이들 공부도 마찬가지다. 매 순간 숙제부터 하루 공부를 함께하다 보니 아이들이 배우는 과정을 자연스럽게 알게 되었다. 그래서 아이의 부족한 부분을 지원할 수가 있었다. '알아야 면장을 한다'는 말이 있다. 지시하는 것도 내가 알고 하는 것과 모르고 하는것은 하늘과 땅 차이다. 모르고 한다면 "공부 좀 해라"일 것이다. 그러나 알고 한다면 "넌 함수가 어렵구나" 하는 말을 할 수 있다. '하라'는 말보다 아이의 입장에서 공감해주는 말을 할 수 있다.

"엄마는 수학을 못했는데 우리 딸은 잘하네."

"엄마는 몇 점 받았어요?"

"엄마는…… 수포자(수학을 포기한 사람)……."

혼자만 힘든 것이 아니라는 것을 살짝 알려준다. 그러면 아이는 하기 힘든 공부라 해도 다시 해봐야겠다는 다짐을 하게 된다.

말로만 그러는 것이 아니라 실제 나는 아이들 시험기간에 함께 공부한다. 중학교 공부부터는 아이들 스스로 하고 있지만 도움을 청하면 당연히 같이 한다. 암기과목을 확인하거나 요점정리도 봐준다. 물론 학교 선생님만큼의 지식을 가지고 있지는 않으므로 공부하는 방법을 봐주는 정도이다. 오랜 기간의 이런 노력은 아이에게 스스로 공부하는 기본자세를 만들어주었다.

세 번째, 약속 지키기

아이들을 위한 부모의 일관성 있는 태도 중에 절대 빠져선 안되는 것이 '약속 지키기'이다. 약속은 지키기 위해 정하는 것임에도 강자에 의해 일방적이 되기도 한다. 부모와 자식 사이라서 일방적이어도 괜찮다고 생각할 수 있다. '부모인데 어때, 그럴 수도 있지. 내가 지금까지 해준 게 얼마나 많은데……' 혹시 이런 생각으로 아이와의 약속을 무시한 적이 있는가? 한 번은 지키지 않아도 괜찮겠다는 생각은 아이들도 할 수 있다. 그러나 부모가 그렇게 한다면 그동안 지켜온 많은 것이 무너진다. 우리 집은 아이와의 약속은 철저히 지킨다. 전제조건은 아이들도 자기 일을 성실히 수행했을 때이다.

고등학생 아들의 성적이 올랐다. 경쟁이 치열함을 알기 때문에 아빠는 노력을 칭찬해준다.

"강민아! 모의고사 성적을 보니 이번에는 노력을 많이 했네. 무엇보다 네가 부족한 부분을 공부해서 성적을 올렸네. 잘했다." 아빠는 열심히 했으니 뭐 하고 싶은 게 없는지 물어본다. 그러자 아들은 열심히 적은 종이를 내민다.

첫 번째, 노트북을 바꿔주세요. 이유는 너무 느리고 가끔 꺼지기도 해요. 과제하는 데 지장이 많아요. 용량도 달려요.

두 번째, 휴대폰도 바꾸고 싶어요. 이유는 노트북과 비슷해요. 보급형이라 불편한 것이 많아요. 이것도 용량이 부족해요. 이번에 미국연수 갈 때 사진을 찍어야 하는데 화질이 떨어져요.

둘 다 안 된다면 노트북이 더 필요해요.

결국, 아들은 새 노트북을 가지고 기숙사로 돌아갔다. 휴대폰은 학교에 가면 주중에는 제출하니 사용하는 시간이 별로 없다. 그래서 휴대폰 교체는 우선순위에서 밀려났다. 화질이 떨어지는 문제는 디지털카메라로 대신하기로 했다. 무조건 안 된다고 단정하기 전에 대안이 있는지를 먼저 의논한다.

가끔 딸은 아빠가 회식하고 오면 필요한 것을 제안할 때가 있다. 아빠가 기분 좋게 승낙하기를 바라는 마음과 가끔 술기운에 허락할 때가 있기 때문이다.

다음 날 아빠가 묻는다.

"서연아! 아빠가 어제 뭐라고 했어?"

"아빠가 허락했어요."

"내가? 아닌 것 같은데……."

"엄마가 증인이에요."

딸은 가끔 이런 깜찍한 방법도 쓴다. 그래도 어쩔 수 없다. 약속은 약속이니까 남편은 쿨하게 인정한다.

공부에 관련한 것이든 일상생활에서의 일이든 우리는 늘 아이와의 약속을 지키기 위해 노력했다. 기본적인 것을 가르친다는 것은 쉬운 것 같지만 늘 어렵다. 그러나 부모가 일관된 행동과 태도를 보여야 원칙을 지키는 아이로 자란다. 이런 일상의 생활습관과 부모의 일관성 있는 태도가 결국 공부습관의 밑바탕이 된다.

2장

자기주도학습을 위한
엄마의 학습플랜 노하우

01
하루 시간관리가 공부의 시작이다

오늘 하루 주어지는 24시간은 누구에게나 공평하다. 아침에는 특별한 일이 없으면 비슷한 시간에 일어나 비슷한 일을 반복한다. 밥을 먹는 시간도 비슷한 시간대로 정해져 있다. 12시에 꼭 점심을 먹어야 한다고 강요하지 않지만 대부분 그 시간에 점심을 먹는다. 우리는 이처럼 습관적으로 매일 반복해서 하는 것이 많다.

성공한 사람들의 공통점을 살펴보면 하나같이 돈보다 시간을 아낀다. 시간을 벌 수 있다면 돈을 아끼지 않는다. 주어진 하루를 어떻게 보내는가에 따라서 우리의 삶이 달라진다. 시간을 잘 활용하는 사람들은 부지런하다. 매시간 계획이 있기 때문에 바쁘다. 주변에 바쁜 사람들을 보면 하루 주어진 시간에 48시간의 가치를 만든다. 한가해서 많은 일을 처리하고 성과를 내는 것이 아니다. 오히려 밥 먹을 시간조차 없이 빠듯하게 일정을 쪼개고 활용한다.

엄마라면 당연히 시간을 잘 활용하는 아이로 키우고 싶다. 그래야 공부도 잘할 것이기 때문이다. 나는 아이를 키우면서 대학원에 다녔다. 워킹맘이 자기계발을 하는 경우라면 그야말로 시간이 절실하다. 해야 할 일은 내 공부와 아이 공부로 끝나지 않는다. 집안일과 직장일도 기다리고 있다.

나의 시간관리는 일의 우선순위를 정하는 것이었다. 하루에 하고 싶은 일과 해야 할 일을 모두 다하지는 못한다. 그러나 두 가지 사이에서 갈등하면서 선택에 따라 결과는 달라진다. 꼭 해야 할 일은 누구나 염두에 두고 있다. 그렇다면 꼭 해야 할 일 위주로 계획을 실천하면 된다. 다만 말이 쉽지 나도 늘 고민한다.

아이들에게 해야 할 일은 하루 공부이고, 하고 싶은 것은 당연히 노는 것이다. 그래서 아이들은 늘 갈등한다. 혼나리라는 것을 알면서도 욕구를 조절하기 힘들다. 그렇기 때문에 하루의 공부 분량을 실천했다면 더욱더 칭찬해주어야 한다. 놀고 싶은 마음을 이긴 아이에게 대견하다고 말해주어야 한다.

"오늘도 스스로 해야 할 일을 다 했네. 우리 아들 대단하다" 하고 격려하면 된다. 그럼 아이는 내일 또 하루의 공부를 해야겠다고 마음먹는다. 시간을 관리한다는 것은 자신의 행동을 스스로 통제한다는 것이다. 욕구를 자제하는 일이라서 어려울 수밖에 없다.

어릴 적 나는 시골에서 자랐다. 농촌에서 보고 자라는 환경은 도시와 많이 다르다. 농사를 짓는 부모님의 일상은 늘 비슷했다. 힘든 일의 연속이었다. 부모님은 항상 부지런하셨다. 늦잠이라는 것은 상상할 수 없는 일이었다. 늘 새벽에 일어나셔서 아침밥을 먹기도 전에 많은 일을 처리하셨다. 그런 모습들이 나에게 학습이 되었는지도 모르겠다. 나도 워킹맘의 자리에서 공부하기가 녹록지 않았다. 결국, 나도 잠을 줄여서 새벽에 일어나 공부하는 방법을 선택했다.

나는 매일 아침 오늘 하루 하고자 하는 일 목록을 적는다. 물론 우선순위를 정한다. 실행여부는 하루가 끝나는 시점에서 확인한다. 100퍼센트 실천을 못한다고 해도 계획이 있는 것과 무작정 하는 것은 전혀 다른 결과로 나타난다. 해야 할 일이 많고 시간이 부족하다면 우선순위를 정해보자. 시간을 활용하는 방법으로 최고다.

해야 할 일부터 하는 아이로 키운다

그렇다면 아이들의 시간관리는 어떻게 해야 할까? 따라다니면서 잔소리하는 데는 한계가 있고 매번 그렇게 하는 것은 더더욱 어렵다. 아이들이 자주 하는 변명은 "시간이 없어요"이다. 과연 정말 시간이 없는 걸까? 사실 하기 싫은 이유가 많기 때문이지만 일단 시간 부족으로 포장하고 본다.

먼저 아이들의 일과를 정리해보면 여유시간이 보인다. 초등학생이라면 하교시간이 거의 일정하다. 방과 후 활동을 한다면 과목에 따라 귀가 시간이 늦어진다. 그 외에도 학원을 간다면 시간은 많이 지체된다. 요일에 따라 아이가 마치는 시간과 동선을 파악해서 귀가 시간을 정확히 알고 있어야 한다.

나는 두 아이의 귀가 시간부터 파악했다. 귀가시간을 챙기지 않으면 마음 맞는 친구와 시간 가는 줄 모르고 놀기 때문이다. 아이들은 학교와 학원에 다녀왔으니 집에 오면 노는 시간이라고 생각하기 쉬우므로 반드시 해야 할 일부터 하게 했다. 야속해 보이지만 어쩔 수 없다. 숙제나 하루 공부가 아이들이 할 일이다. 그 후에야 하고 싶은 일을 할 수 있다. 마지막으로 잠자리에 들기 전에는 일기를 써야 한다.

이런 모습은 누구나 상상하는 이상적인 모습이다. 이렇게만 해준다면 잔소리할 일은 없다. 아이가 자기 할 일을 스스로 해준다면 집안도 평화롭다. 엄마도 교양 있는 목소리로 말할 수 있다. "너희들 할 일 다 했구나. 그럼 하고 싶은 것 하렴." 대체 이런 오글거리는 말을 할 수 있는 날이 오기는 하는 것인가. TV에서 보는 교양 있는 엄마처럼 되고 싶은데 현실에서는 무식하게 소리 지르는 엄마가 되어 있다. 엄마도 예전에는 벌레 하나 잡지 못하는 가녀린 소녀였다는 것을 누가 알아줄까? 그런 소녀가 억센 아줌마가 되어가는 데 일조하는 것이 아이들의 행동이다.

이렇게 하루 계획을 잡기 위해서는 먼저 아이의 일과를 함께 그려보아야 한다. 학원수업이 끝나서 집에 오는 시간이 정해지면 자기 전까지 아이에게 남은 시간을 활용해야 한다. 나는 제일 먼저 숙제를 하게 했다. 숙제는 학생이 해야 할 기본 임무라는 것을 주입시켰다. 그리고 엄마와 정한 하루 한 장의 공부를 한다. 달라진 것이 있다면 초등학교부터는 학교 숙제와 학원 숙제가 따로 있다는 것이다. 거기에 한자, 수학, 국어를 각각 한 장씩 하는 것이 엄마와 하는 하루 공부였다.

아들은 5학년 때 공부방에 다니기 시작했다. 내가 두 아이의 공부를 동시에 봐주기에는 한계가 있었기 때문이다. 그렇지만 아이들의 하루 공부는 계속되었다. 하루 할 일이 끝난다고 무조건 아이들이 보고 싶은 TV프로그램을 보는 것은 아니다. 하루에 1시간, 2시간으로 시간을 정해서 시간이 초과하면 제재를 가했다. 이것이 우리 집의 규칙이다. 잠자는 시간은 아이들이 어릴 때는 9시였다. 아침 기상시간은 7시고, 주말에는 8시로 연장한다. 이 모든 규칙은 아이들과 함께 정했다.

지키지 못할 때는 벌칙도 같이 정한다. 예를 들면 친구와 노는 시간을 반납하거나 잠자는 시간이 앞당겨진다. 아이들은 자주 약속을 어긴다. 대답은 잘하지만 언제나 뒤통수를 친다. 그렇게 우리 아이들은 하나씩 불이익을 경험하면서 규칙을 익혀나갔다. 처음부터 시간을 지키고 계획을 실천하는 아이는 세상 어디에도 없다. 우리 아이들 역시 말썽부리고 할 것은 다하는 아이들이었다.

학습습관은 시행착오를 겪으면서 만들어지는 것이지 타고난 것은 없다. 그러니 당신의 아이도 가능하다. 아이의 학원 스케줄에 맞춰 실어 나르는 매니저 엄마가 필요한 것이 아니다. 아이에게 필요한 것은 시간을 관리하는 능력이다. 학원 스케줄에 연연할 것이 아니라 집에서 아이가 스스로 공부하는 시간을 늘리도록 도와주는 것이 현명한 엄마다.

초등학교 이후의 공부는 시간과의 싸움이다. 시간관리를 효율적으로 하는 아이가 승리하는 게임이다. 우리 아이들의 공부습관은 일상생활과 연결되어 있다. 생활습관에서 통제되지 않으면 시간관리가 불가능하다. 모든 일을 아이의 의견 없이 간섭하고 통제하는 것 같지만, 무한정 용납해주면서 아이를 훈육하는 것은 사실 불가능하다는 것을 아이를 키워보면 알게 된다. 그래서 아이들의 일상생활에 규칙들을 적용하는 연습을 해야 한다.

우리 아이들 역시 게임을 좋아한다. 어른들도 게임중독이 되는데 아이들은 어른보다 더 통제하기 힘든 상황으로 치닫기 쉽다. 한참 닌텐도가 유행할 당시 우리 집도 예외 없이 구매했다. 신 나게 하다 보면 시간 개념이 없어진다. 게임에는 어떻게 그렇게도 잘 몰입하는지 아이들의 집중력은 놀랍다. 아들은 수없이 정해진 시간을 지키지 못하고 벌을 받았다. 벌은 게임을 하는 시간이 없어지는 것이었다.

그렇지만 벌칙이 있다고 문제가 해결되는 것은 아니었다. 원래 좋은 것은 등을 떠밀어도 하기가 힘들다면, 나쁜 것에는 좀처럼 빠져나오기가 쉽지 않다. 왜 그렇게 반복해서 혼이 나면서도 또 게임을 하는지 이해가 안 될 정도였다. 나는 개인적으로 게임을 좋아하지도 않고 할 줄도 모른다. 그래서 더 왜 아이들이 게임에 빠져드는지 이해하기 힘들었다. 공부가 게임만큼 재미있으면 모두 공신이 될 것이다. 어떻게 게임만큼 공부에 대한 재미를 들일 수 있을까? 모든 엄마의 고민일 것이다.

지겹도록 끝없이 되풀이했다. '1시간 게임 시간 지키기, TV는 2시간 이상 시청 금지, 하루 공부량 완수하기, 기상시간과 수면시간 지키기' 등 매일 이런 일상의 일들을 확인했다. 지키지 못하면 벌을 주고 다시 시작하기를 수도 없이 반복했다.

결국, 아이들 시간관리의 시작은 일상생활이다. 일상생활의 시간 안에는 공부하는 시간이 포함되기 마련이다. 일상과 공부가 어우러져 균형을 유지하는 하루가 되어야 한다. 공부하라고 소리치기 전에 내 아이의 생활습관부터 확인해보자.

02
공부 관성의 법칙 활용하기

'관성'이란 일단 시작하면 계속하게 되는 힘을 말한다. 공부에 관성이 붙으면 공부 잘하는 아이가 된다. 그런데 안타깝게도 아이들은 공부를 잘 시작하지 않는다. '일단 시작해'라고 하지만 그 시작이 매번 어렵다. 핑계가 넘쳐난다. 하기 싫은 일이기 때문이다.

어른들도 주말 지나고 월요일이 되면 출근하기 싫어진다. 일하는 것이 대부분 피곤하고 싫다는 것을 경험했기 때문이다. 그래서 월요병이 있지 않은가. 그럼에도 성인이라면 출근을 한다. 생계를 책임지기 위해서이다. 그리고 일단 출근하면 언제 그랬냐는 듯이 일에 집중한다. 하루가 가고 월급날이 돌아오고 가족이 기뻐하는 모습에 또 힘을 얻는다.

"엄마, 오늘 학원 가기 싫어요. 하루만 빠지면 안 될까요?"

"엄마도 돈 벌러 가기 싫은데 하루 쉬면 안 될까?"

아이들은 한 번씩 이런 질문을 한다. 당연히 한 번 빠질 수 있다. 그런데 그 이유가 '그냥 가기 싫어서요' 이건 아니다. 한 번이 두 번 된다. 어른도 아이도 분야는 다르지만 우리는 관성을 이용해야 한다. 하기 싫은 일도 시작하면 결과와 마주하게 된다.

일단 누구나 하루 공부를 시작하기만 한다면 마무리할 수 있다. 재미없는 공부라는 생각은 잊고 하루 계획을 실천하게 된다. 더불어 아이는 성취감을 느낀다. 핑계만 찾고 하지 않았다면 엄마의 잔소리로 끝난다. 그러나 시작하면 엄마의 칭찬으로 마무리하는 하루가 된다.

관성의 법칙을 잘 활용하게 되면 무엇보다 공부에 대한 동기 부여가 된다. 어렵다면 하루 10분도 좋다. 일단 책상에 앉는 것부터 시작해보자. 책상 주변에 오지도 않고 공부 생각만 하는 것으로는 아무것도 이루어지지 않는다. 실행이 먼저다. 10분이 쉽게 느껴진다면 20분, 30분, 1시간으로 서서히 늘려가자. 공부 경험이 없는 아이는 1시간 동안 앉아 있는 것만으로도 힘들다. 이 경우 집중해서 공부하지 않아도 앉아 있는 것만도 충분히 칭찬받을 일이다. 공부습관이 없다면 일단 책상 앞에 앉기부터가 시작이다.

공부 관성은 어떻게 작용할까?

관성의 법칙은 습관을 만들기 위한 행동이다. 사람의 행동이 습관이 되는 데까지 투자해야 하는 시간이 있다. 말로만 공부해야지 해서는 공부가 되지 않는다. 일반적으로 하나의 습관이 자리 잡는 데는 21일이 걸린다고 한다. 즉 3주 동안 같은 행동을 되풀이하면 습관이 된다는 것이다. 습관이 되었다면 이제는 하지 않으면 오히려 불편한 상태가 된다. 공부가 이렇게 습관이 된다면 환상적이지 않겠는가.

공부를 잘하는 아이들은 이 원리를 아는 것이다. 공부를 하면 목표가 이뤄지는 것을 경험한다. 그러면 뿌듯함도 따른다. 엄마가 무척 좋아한다. 손해 보는 일은 아니다. 공부가 재미있어한다기보다 하고 나서의 성취감이 얼마나 좋은지 아는 것이다. 그것을 느끼게 해주는 것이 엄마가 할 일이다.

요즘 우리 아이들에게 아빠의 다이어트 선언은 관심거리다. 다이어트 역시 운동하는 습관이 길러져야 성공한다. 식욕도 억제해야 한다. 공부와 같다. 하기 싫은 마음을 달래고 매일 운동해야 성과가 나온다. 처음 하루는 너무 힘들다. 처음 공부를 시작할 때 좀이 쑤시는 것과 같다. 몸이 적응되지 않아 과연 할 수 있을까 하는 불안과 괜히 한다고 그랬나 하는 후회스러움이 공존한다. 이틀째가 되면 조금 편해진다. 몸이 서서히 적응해간다. 그러나 사람은 처음 결심과 달리 금방 마음이 변하는 것이 문제다. 부정적인 생각과 유혹을 뿌리치기가 쉽지 않다. 그것을 지탱하게 하는 힘은 동기 부여다. 남편의 동기 부여는 인바디 체중계였다. 인바디 측정을 하면 몸무게뿐 아니라 체지방, 근육량, 수분량 등의 변화를 그래프로 볼 수 있다.

아이에게 무조건 공부하라고 한다면 원하는 성과가 나오지 않는다. 다이어트 역시 목표 없이 운동만 한다고 해서 원하는 만큼 살이 빠지지 않는다. 아이들에게 성적이라는 점수가 자극이 되고 목표가 되듯이 체중계의 수치가 운동의 동기 부여가 된다. 공부하면 성적이 오르듯이, 운동하고 먹는 것을 줄이면 몸무게는 정직하게 줄어든다. 당연한 원리이고 결과지만, 우리는 늘 별다른 성공방법이 없을지 궁금해한다.

공부하기 싫은 날은 날씨가 좋은 것도 문제고 궂은 것도 문제다. 거기에 내 기분도 좌우한다. 그러므로 하기 싫은 이유를 만들기 전에 우선 하는 것이 먼저다. 일단 하기 싫어도 운동을 시작하면 하루 목표량을 채운다. 그래서 정해진 시간이 되면 운동화를 신고 나가는 것이 선행되어야 한다. 남편은 다이어트를 위해 한 달 동안 하루 운동 목표를 실천했다. 당연히 몸무게가 줄었다. 이제 하루 운동을 안 하면 오히려 불안해한다.

세상에 그냥 얻어지는 것은 없다. 자신의 노력이 들어가야 진정 가치가 있다. 관성을 운동과 연결해서 말하는 이유는 공부와 다를 것이 없기 때문이다. 우리는 무슨 일이든 성공하는 방법을 안다. 마음만 먹으면 누구나 정보를 검색할 수 있다. 내가 원하는 성공비법들은 널려 있다. 단지 하지 않고 못할 뿐이다.

부모들은 이미 경험해서 알고 있지만 우리 아이들은 아직 모르는 것이 많다. 부모는 학교 다닐 때 공부를 해봐서 너무나 잘 안다. 공부하기 싫어하는 마음도 알고 있다. 그런데 왜 아이들에게 무작정 공부하라고만 하는가? 공부 안 하면 고생한다는 말만으로 끝내는가? 왜 안 되는지, 왜 안 하는지, 문제점을 찾아 알려주어야 한다.

하루 목표를 이루면 누구보다 자신이 제일 뿌듯하다. 스스로 대견하다. 이런 감정이 자존감을 올려준다. 그럼 '내일 또 열심히 해야지' 하고 다짐하게 된다. 이럴 때 부모는 칭찬으로 격려해야 한다. 그다음은 어떤 마음이 생길까? '칭찬받으니 기분 좋은데 오늘은 조금 더 해볼까?' 하고 목표가 높아진다. 당연히 결과도 상승한다. 계속적인 동기 부여가 이루어지는 것이다.

사람은 참 변덕스러운 존재다. 잘하다가도 하기 싫고 정체되는 시기가 온다. 그럴 때는 무조건 야단치고 비난하는 것을 삼가야 한다. "지금까지 열심히 했으니까 오늘은 시간을 줄이자"는 식이든 어떤 것이든 보상이 필요하다. 다이어트로 음식을 절제하는 자기와의 싸움을 했다면 하루 정도는 원하는 음식을 먹어야 한다. 보상심리가 채워져야 내일 또 새롭게 도전할 수 있는 욕구가 생긴다. 여기에 적절하게 욕망을 심어주면 더 속도가 붙는다.

내가 아이들과 함께하는 하루 공부 방법과 남편의 다이어트 방법은 다르지 않다. 중간중간에 공부와 다이어트를 섞어 말한 것도 주제만 다르지 하는 방법은 같기 때문이다.

엄마들이 하기 싫은 설거지, 청소도 결국 시작하면 금방 하는데 한번 바닥에 붙인 엉덩이를 떼기가 어렵다. 드라마를 보다가 무슨 일이든 하려고 하면 어떤가? '본 김에 다 보고 하지 뭐' 하고 마음은 이미 드라마를 계속 보려는 관성에 잡혀 있다. 보고 나면 뿌듯하기보다 그냥 청소했으면 이미 다했을 것을 하고는 후회한다. 이처럼 우리는 일상에서도 관성을 경험한다.

공부든 다이어트든 성공하고 싶다면 관성의 법칙을 끌어들이자. 관성을 끌어들이면 조금씩 결과가 상승하는 것을 볼 수 있다. 더 높은 목표를 설정하게 된다. 실증을 느낄 틈이 없도록 접근방법에도 변화를 주어야 한다. 최적화된 나만의 방법은 경험으로 얻을 수 있다. 운동도 나에게 맞는 방법을 찾기 위해 시간과 강도, 방법에 조금씩 변화를 주듯이, 공부도 우리 아이에게 맞는 방법을 찾게 된다. 관성을 이용하여 우리 아이 공부습관을 잡기 위해서는 매일 책상에 앉는 것부터가 시작이다.

03
내 아이만의 학습플랜 세우는 법

　초등학교와 중학교는 교과 과정에 따라 아이의 학습방향이 달라진다. 그에 따라 공부 계획도 많이 변경된다. 아이들에게 공부 계획을 세우는 일은 매우 중요한 일이다. 그럼에도 계획표를 짜고 실천하는 아이는 드물다. 아이들이 자주 하는 말이 "귀찮아요"다. 그렇다. 계획을 짜려면 귀찮고 머리 아프고 생각하기가 싫다. 실천은 더 힘든 일이다. 공부와 관련된 일들은 재미있는 것이 없는 것 같다.

　그래도 이왕 해야 한다면 계획이 서야 한다. 아이에 따라 집중하는 시간은 다르다. 계획조차도 시행착오를 경험해야 한다. 자신이 어떤 사람이라고 단정 지어 말할 수 있는 사람은 드물다. 나도 나를 잘 모른다. 하물며 내가 낳았어도 자식이라고 다 알까? 엄마는 다 안다고 자부하지만 생소하고 낯선 부분이 분명히 있다.

이상적인 공부계획이 아닌 아이에게 맞는 현실적인 계획이 필요하다. 그러기 위해서는 아이를 잘 알아야 한다. 무엇을 좋아하는지, 언제쯤 꾀를 부리고 요령을 피울지 엄마는 예측해야 한다. 아이의 특징을 알아가는 것도 어려운데 공부와 관련지으면 더 어렵게 느껴진다. 그런데 그 결정적인 이유가 아이의 현재 모습보다 엄마가 원하는 모습만 먼저 생각하기 때문이다. 엄마의 이상적인 계획 말고 아이의 집중시간에 맞는 현실적인 계획에서 출발해야 한다.

욕심은 금물이다. 실천 가능성 없는 계획은 좌절만 안겨준다. 작게 출발해서 성공을 경험하게 해야 한다. 내가 하루 한 장의 공부계획을 말하는 이유도 이 때문이다. 쉽게 접근해야 아이들도 움직인다. "하루에 다섯 장씩 풀어봐"라고 하면 "네, 엄마. 열심히 할게요" 이렇게 답하는 아이는 없다. 아이는 어이없는 표정을 지을 것이다. 어쩌면 화를 내거나 울지도 모른다. 한 장이 부족하다면 분량을 늘리는 것은 나중에 가능하다.

우리 아이들의 학습목표는 빠른 선행이 아니다. 선행의 수준은 다음 학기를 위한 워밍업 정도다. 다음 학기에 '이런 것을 배우는구나' 하고 미리 경험해보는 것이다. 보통의 엄마들은 방학이면 선행학습을 하느라 바쁘다고 한다. 행여나 우리 아이만 처질까봐 한 학기도 부족해 두 학기 앞선 선행을 시키기도 한다.

나는 초등학교의 학습플랜은 마음껏 하고 싶은 분야를 경험하는 것이라고 생각한다. 따라서 비교적 시간이 많은 초등학교 때 예체능 관련하여 배우고 싶은 분야를 선택하게 했다. 아들은 지능로봇을 조립하는 것을 좋아해서 방과 후에 본인이 원하는 로봇 조립 수업을 들었다. 집에 와서도 조립에 열중할 때가 많았다.

활발한 아들은 평소 가만히 앉아 있는 시간이 없었다. 그래서 마음을 차분하게 하기 위해 피아노를 배웠다. 엄마들은 대개 자녀가 악기 하나 정도는 다루었으면 하는 욕심이 있다. 나 역시도 그랬다. 그러나 피아노 역시 초등학교까지가 한계였다. 넘치는 에너지를 발산하기 위해서는 몸을 움직여야 했다. 태권도 학원에 다니며 소리 지르고 뛰고 땀을 흘리니 아이가 더 밝아졌다. 에너지를 다 쓰고 나면 밤에 잠도 일찍 들어서 좋았다.

딸은 아들보다 훨씬 욕심이 많았다. 방과 후 수업도 여러 가지를 하고 싶어 했다. 피아노 학원에 다니면서 "엄마, 방과 후 수업에 댄스도 배우고 싶어요"라고 했다. 나는 하고 싶어하는 것은 될 수 있으면 경험하게 했다. 딸은 체육대회를 하는 날에 단체복을 입고 댄스공연을 했다. 그 후 학교를 대표하는 합창부에도 들어갔다. '우리 딸이 노래를 잘하나?' 의외였는데 학교 대표로 단체 합창대회에도 출전했다.

너무 많은 것을 하는 것 같아서 "힘들지 않아?" 하고 물어보면 재미있다고 했다. 뜬금없이 도자기 만드는 것도 하겠다고 했다. 딸은 '예체능 분야에서 꿈을 찾아야 하나' 하는 생각이 들 정도였다. 손으로 하는 것에 재주가 있는지 예쁜 접시와 그릇을 만들어 왔다. 자신이 만든 컵에 우유를 마시며 뿌듯해했다. 그러고는 "엄마, 힐링이 필요해요. 미술학원에 다니고 싶어요"라고 했다.

"넌 너무 해서 스트레스 같은데……." 이렇게 말해보지만 아이는 듣는 척도 하지 않았다. 딸은 자신을 무척 사랑하고 필요한 것을 거침없이 요구했다. 예쁜 POP 글씨를 보고도 그냥 넘어가지 않았다. 마침 학교에 강좌가 개설되자 바로 수강 신청을 했다. 한 가지 못해본 것이 있다면 요리강좌다. 선착순으로 마감되어 여러 번 시도했는데 하지 못해 아쉬워했다. 이 모든 것은 초등학교 과정에서 한 것이다.

욕심이 많아 여러 가지를 다하려고 하니 시간이 잘 맞지 않았다. 딸은 요일과 시간을 조정해서 최고의 계획을 짜야 했다. 이런 과정조차도 처음에는 아이 혼자 하기는 어렵다. 예상시간과 변수도 고려해야 하므로 엄마가 도와 아이와 함께 결정하는 것이 필요하다. 지금 생각해보면 더 많이 경험하게 해줄 걸 하고 미련이 남는다. 이제는 하고 싶어도 할 시간이 없기 때문이다.

학습플랜이라고 꼭 공부하는 것으로만 단정 짓지 말자. 아이들이 성장하는 과정에는 많은 것이 필요하다. 우리 아이들이 다닌 학원과 방과 후 활동을 자랑하려는 것이 아니다. 대부분 아이는 학년이 바뀜에 따라 하고 싶은 것이 많이 생긴다. 이때 엄마의 강요에 의한 학원이 아닌 아이가 선택한 것을 들어주어야 한다. 음악도 하고 운동도 하고 미술도 해봐야 건강한 아이가 된다. 아이가 성장하는 데는 영어와 수학도 중요하지만, 공부를 하기 위한 기반은 여러 영역이 어우러져 형성된다.

아이들은 본인의 의사와 상관없이 온종일 학교에서 수업을 받는다. 반면 학원과 방과 후 활동은 아이가 선택 가능한 사항이다. 축구를 선택할 수도 있고 배드민턴을 선택해서 할 수도 있다. 아이의 선택을 지지해주면 아이는 책임감을 보인다.

우리 아들은 2학년 겨울방학부터 영어학원에 다녔다. 그 전에 방과 후 영어를 먼저 했다. 1학년 때부터 학원에 보내 과도하게 주입하면 거부반응이 나타날까 우려되었다. 그래서 영어는 어떤 것인지 방과 후 교실에서 가볍게 경험하게 했다. 방과 후 영어는 매일매일 하는 수업이 아닌데다 아이들의 수준이 모두 다르다. 우리 아들은 처음 알파벳부터 시작했다. 그야말로 기초영어를 배우는 과정이었다. 시간도 학원에 비해 짧고 크게 부담되지 않는 수준이라 만족했다.

그렇게 과제도 잘하고 무리 없이 다니는가 했는데, 어느 날 아들이 "엄마, 영어학원 보내주세요"라고 했다.

"왜? 영어가 어려워?"

"아이들이 많아서 집중하기가 힘들어요. 재미없어요."

초등학교 3학년부터 영어과목이 교과과정에 추가되었다. 유치원부터 영어를 시키는 엄마도 있지만 우리는 서두르지 않았다.

결국, 영어학원에 다니게 된 아들은 학교와 달리 학원에서 영어에 흥미를 느끼고 재미있어 했다. 처음부터 학원에 보냈으면 아들은 이런 만족감을 느끼지 못했을 것이다.

"학교와 학원 수업의 차이점이 뭐야?"

"학원은 선생님께서 한 명씩 확인해주고 칭찬해줘요."

그렇다. 영어 수업의 수준보다 아이가 원하는 것은 이것이었다. 학교는 많은 아이가 함께 수업을 듣는다. 선생님께서 그 많은 아이를 개별적으로 챙기기가 힘들다. 칭찬을 듣기는 더욱 어렵다. 그러나 학원에서는 선생님과 자주 눈이 마주치고 피드백이 이루어진다. 칭찬은 덤이다. 방과 후 영어 숙제를 할 때와는 다르게 아들은 학원의 영어 숙제는 신 나게 했다. 선생님의 폭풍 칭찬이 기다리고 있기 때문이다. 당시 교과 영어공부는 문법에 충실했다. 지금은 회화와 리딩 중심이 되었지만, 그때의 기본에 충실한 학습이 영어공부의 밑바탕이 된 것은 확실하다.

초등학교 시절의 학습계획 목표는 아이들이 하고 싶은 것을 경험하게 하는 것이 되어야 한다. 그리고 그 경험을 통해 스스로 공부의 필요성을 깨닫게 하는 것이다. 언제 학원에 가고 언제 숙제를 하는 것 등을 정하는 것은 아이의 할 일이다. 엄마가 정해주는 일이 되어서는 안 된다. 학습플랜은 아이의 학습 성장 과정에 맞게 짜야 한다. 나의 처방은 이것이다. 아이가 찾고 경험하게 하는 것이 느리게 보이지만 결국 빠른 길이 된다.

내가 아이의 공부법에 관심을 가지고 실천한 것을 정리해보면 다음과 같다.

첫째, 기초부터 이해하는 공부를 함께했다

공부하라며 책 한 권 던져준다고 스스로 공부할 아이는 없다. 혹시 있다면 별종이다. 책 사주는 것은 부모가 아니라도 누구나 할 수 있다. 그러나 늘 함께 공부해주는 것은 누구나 할 수 있는 일이 아니다. 부모만이 할 수 있다.

사람은 관심 있는 분야에 눈이 간다. 알파벳을 배운다면 당연히 ABCD부터 알아야 진행이 된다. 아이들은 알파벳을 처음 보면 신기해한다. 그러나 이것을 외워야 하는 것이라 생각하는 순간 재미가 없어진다. 알파벳을 익히는 방법은 모두가 알듯이 여러 번 쓰고 보는 것이다. 그것으로 끝나면 금방 잊어버리기 때문에 단어를 활용해보아야 한다. 이 과정은 공부라는 인식보다 놀이처럼 해야 한다. 우선 집안 보이는 곳에 알파벳을 붙여둔다. 아이가 좋아하는 물건도 영어와 관련된 것으로 산다. 입은 옷에 쓰인 영어도 그냥 지나치지 않는다. 계속 물어본다. 대부분의 물건에는 영어가 빠지지 않고 있다.

"강민아! 영어가 이렇게 많이 쓰여. 네가 영어를 열심히 공부하면 이걸 다 읽고 무슨 말인지 알 수 있는 거야."

"한글이랑 똑같이 공부해야 하는 거네요."

"그렇지, 모양과 뜻은 다르지만 공부를 해야 하는 것은 같다고 볼 수 있지."

처음 아이가 숫자 8을 쓴 것을 기억하는가? 아마도 이상한 모양이었을 것이다. 옆으로 누워 있는 8자가 그려진다. 동그라미 둘을 붙여 그리기도 한다. 알파벳도 마찬가지로 낯설다. 우리는 그렇게 배우고 익혀왔다. 엄마의 역할은 아이에게 영어 공부를 왜 해야 하는지 알려주고 영어가 어떻게 쓰이는지 궁금증을 심어주는 것이다. 서둘러 많이 주입하는 공부보다 호기심을 갖게 해주는 것으로 충분하다.

둘째, 매일 습관적으로 공부했고 반복학습을 했다

한 가지의 공부습관이 잡히면 두 가지로 늘리는 것은 어렵지 않다. 우리도 처음은 한글, 숫자로 시작했지만, 차츰 한자, 국어, 수학으로 늘려갔다. 차근차근 학교공부를 예습하기 시작했다. 주말에는 오답을 체크하고 복습을 했다. 대신 분량은 적게 했다. 우리의 목적은 습관적으로 하는 것이기 때문이다. 이런 습관은 학교 시험기간에 진가를 발휘했다. 이미 습관이 배어 있어 공부하는 시간을 늘려도 힘들어하지 않았다. 게다가 주중에 공부했던 부분을 복습하는 것이라 어렵지 않게 느꼈다. 반복학습의 횟수가 늘어날수록 자신감도 상승하기 때문에 매일 공부는 포기할 수 없는 매력이 있는 것이다.

셋째, 정답을 찾는 공부보다 정답을 찾을 수 있게 도와주었다

아이들의 행동을 보다 보면 답답할 때가 많다. 나도 성질이 급해서 후딱 해주고 싶은 마음이 불쑥 올라왔다. 그러나 이때 참아야 한다. 엄마가 계속 대신해주며 살 수는 없다. 아이들은 틀렸다는 말에 좌절한다. 틀린 것일 수도 있고 때로는 다른 것일 수도 있다. 시험에는 정답이라는 것이 존재한다. 그런데 가끔 아이의 답을 보면 창의적인 답이라 정답으로 해주고 싶은 때도 있다.

이 경우 아이의 생각에 대해 칭찬을 해준다. "이렇게 생각할 수도 있겠구나. 그런데 이 문제는 왜 출제한 것 같아? 무엇을 물어보기 위한 것일까?" 이런 식으로 아이의 생각을 읽어주어야 한다. 이런 말들이 오가면 아이는 문제를 풀 때 답만 기계적으로 체크하지 않는다. 자기 기준에서 사고하는 힘을 기르게 된다. 암기하는 공부는 마음만 먹으면 후딱 가능하다. 암기에만 익숙하게 길들여지면 정작 나중에 자기 생각을 말해야 하는 순간에는 입을

닫게 된다.

문제집을 푼 경우 정답이 아니라면 스스로 다시 답을 찾게 한다. 전혀 이해를 못한다면 비슷한 문제를 예로 들어 설명한다. 결국에는 스스로 해결할 수 있고 해야 한다는 것을 알게 하는 것이다. 부모는 도와주는 존재이지 대신하는 존재가 아니라는 것을 인식시키는 것이다.

넷째, 스스로 계획한 일과를 실천하게 했다

아이들의 일과 중 많은 부분을 차지하는 것이 학교와 학원 가는 시간이다. 그 외에 우리 집 아이들이 해야 할 일은 하루 한 장의 공부이다. 그리고 자기 전 일기 쓰기가 마지막 일과이다.

계획이 만족스럽게 끝나면 좋은 그림이지만 언제나 사건은 발생한다. 학원을 빠져 학원을 끊어보기도 하고, 외출금지를 시켜보기도 하고, 용돈을 압수하기도 했다. 아이들이 제일 좋아라 하는 휴대폰을 정지하기도 하고 부수는 모습을 보이기도 했다. 이런 경험이 쌓여갈 즈음 아이들은 못 지킬 일이 생기면 미리 말을 하기 시작했다.

"오늘 늦게 마쳐서 수행평가 준비한다고 학원에 못 갔어요. 대신 내일 보강할게요. 오늘은 학원에서 숙제만 받아왔어요."

결코, 우리 아이들도 처음부터 이렇게 하지 않았다는 것을 강조하고 싶다. 많은 불이익을 경험하고 터득한 결론이다. 아이들은 오늘 하지 못했다면 내일은 두 배로 하겠다는 생각을 하게 되었다.

다섯째, 매일 숙제를 챙기고 칭찬했다

나는 숙제가 중요하다고 여기는 사람이다. 내가 선생이기 때문이기도 하지만 숙제를 챙기는 것은 학생의 기본 도리라 생각한다. 아이들이 귀가하면 제일 먼저 챙기는 것이 알림장이다. 준비물, 숙제, 안내사항을 먼저 확인한다.

"강민, 오늘 숙제했어?"

"네, 다 했고 가방도 다 챙겨두었어요."

"어이구, 잘했네."

퇴근 후 할 일이 태산인데 아이들이 알아서 과제를 해주고 준비물까지 챙기면 안심이 된다. 엉덩이를 두드려준다. 칭찬받으려고 했다기보다 아이들은 바쁜 엄마가 안쓰러워 해주는 것 같았다.

어찌 되었건 아이들은 스스로 해야 하는 일을 하나씩 배우기 시작했다. 나는 아이들 학교 행사에는 일일이 참석하지 못해도 개인적으로 해야 하는 일은 빠짐없이 챙긴다. 지금도 중학생 딸에게 묻는다.

"서연아! 내일 준비물 없어?"

"엄마, 나 중학생이거든요."

이제는 자기가 알아서 챙길 수 있다는 것이다. 몇 년간 두 아이에게 해오던 습관이 남아 있는 것 같다. 내일 수업에 지장이 없도록 과제를 챙기고, 오늘 한 일에 한 번 정도 칭찬하는 것은 어려운 일이 아니다. 워킹맘도 충분히 가능하다.

공부는 전략이 필요하다. 우리는 너무 쉽게 머리를 탓한다. 공신들은 '머리가 좋아서 공부를 잘했을 것이다'고 생각한다. 때로는 '나이가 어려서 가능하다'고도 말한다. 누구나 주변에 공부 잘하는 사람들의 공부하는 방법을 궁금해하지만 '어떻게' 공부했는지 듣기만 하고 정작 실천하지 않는다. 뭐든 꾸준하게 하기란 너무 어렵기 때문이다. 먼저 공부 계획을 세워보자. 이제부터는 공부 분량에 집착하지 말자. 공부 방법은 자기만의 '어떻게'로 소화하는 것이 가장 좋다. 주변 사람들의 방법은 참고로 하되 최적화된 나만의 '어떻게'를 만드는 것이 중요하다. 그 '어떻게'가 바로 공부 계획이다.

04
시험기간 학습플랜 세우고 점검하기

현재 일부 중학교에서는 1학년 2학기에 자율학기제를 시행하고 있다. 자유학기제는 중간고사와 기말고사 등 자필시험을 치르지 않고, 고교입시에도 자유학기의 성적은 반영되지 않는다. 아이들은 시험이 없으면 마냥 좋아하고 자유를 누리려 한다. 시험이 학생을 평가하는 잣대라고 생각하면 부담스럽다. 그러나 스스로 공부한 것을 확인하는 것이라고 관점을 바꾸면 열심히 도전할 명분이 생긴다. 시험은 학기 중에 정해진 기간에 본다. 즉 언제 보는지 알 수 있기 때문에 미리 준비가 가능하다.

시험공부를 수월하게 하려면 어떻게 해야 할까? 누구나 한 가지 정도는 정답을 말할 수 있을 것이다. "매일 예습과 복습을 해요." "수업시간에 집중해요." 모두 맞는 말이다. 시험은 아이들이 평소 배운 범위에 대해 평가를 받는 것이다. 배운 것이 많아질수록 범위는 늘어날 수밖에 없다. 오늘 수업한 내용을 복습하지 못하면 내일 또 새로운 공부가 쌓인다. 만약 이해하지 못하고 다음 날 공부로 넘어간다면 모르는 부분은 계속 늘어나기 마련이다.

이런 문제를 해결하는 방법은 매일 공부를 하는 것이다. "누가 모르나요? 힘드니까 못하는 거지." 이렇게 말하고 싶을 것이다. 평소에 공부하지 않는 학생은 시험범위가 넓으면 결국 포기하고 평소 실력으로 시험을 보게 된다.

물론 공부 못하는 학생도 시험기간에는 나름 책을 보려고 시도는 한다. 그런데 책을 펴는 순간 어디서부터 손을 데야 하는지 엄두가 나지 않아 포기한다. 반면 평소에 어느 정도 공부를 한 학생이라면 자신의 부족한 부분을 안다. 자신 있는 부분보다 약점을 보완하는 식으로 시험에 대비한 공부를 계획하기 때문에 성적이 좋을 수밖에 없다.

시험에 대비하는 2주간 학습플랜

내가 아이들과 시험기간에 제일 먼저 하는 것은 2주간의 공부 계획을 세우는 것이다. 초등학교는 과목이 비교적 적다. 따라서 계획도 단순하다. 우리 아이들이 평소에 공부하는 영어와 수학을 제외하면 더 단순해진다. 과목 중 범위가 넓거나 특히 자신 없는 과목이 있으면 우선순위에 둔다. 우리 아이들은 국어, 수학, 한자는 매일 집에서 하루 한 장씩 풀어왔다. 아들은 5학년, 딸은 2학년부터 공부방에 다니겠다고 하여 집에서 하는 공부 외에도 공부방에서 교과 내용을 학습했다. 평소에 국어, 수학, 과학, 사회는 예습과 복습을 했다.

그렇다고 해도 하루 지나면 기억은 가물가물해진다. 시험기간에 공부 안 하고 시험을 볼 수는 없다. 물론 공부방에서 시험에 대비해서 문제를 풀기는 하지만, 나는 '학원에 아이 공부를 무조건 맡기지 말자'는 철칙이 있었다. 선생님을 믿지 못한다는 것이 아니다. 학원은 많은 아이가 모이는 곳이다. 선생님이 모든 아이의 공부를 일일이 보기는 힘들다. 그래서 나는 시험기간에는 따로 문제집을 구입했다.

문제집 한 권을 구입해서 과목별로 시험 범위에 맞게 분배한다. 초등학교는 한 권에 모든 과목이 수록되어 있다. 예체능 과목까지 요점과 문제가 있어 편리하다. 이건 엄마가 하는 것이 아니고 아이가 하는 것이다. 한 번도 해보지 않은 아이라면 당연히 시험범위에 맞게 범위를 나누고 계획을 짜는 법을 모른다. 이럴 때는 친절하게 하는 방법을 알려주면 된다. 2주간에 풀 것이라고 가정하면 하루에 해야 할 분량이 나온다. 그럼 날짜별로 과목을 나누어 문제집의 페이지를 기입한다. 중간쯤에는 단원을 정리하는 문제도 있다. 그리고 주말이나 휴일을 이용해서 점검해주면 된

중1 딸이 작성한 시험계획표

다. 주중에 열심히 하루 분량을 수행하고 주말에는 정리하는 시간을 가진다. 혹시 계획한 것을 실천하지 못했다면 주말을 이용하여 보충한다.

처음부터 아이들에게 답지를 맡기면 안 된다. 공부하기 싫은 날은 답지를 보고 하는 경우가 발생한다. 문제집을 사면 제일 먼저 해야 할 일은 답지를 분리하는 것이다. 여러 번 반복하면 아이들은 답지부터 반납하게 된다. 시험기간이면 나는 더 바쁘다. 퇴근 후에는 아이들이 풀어놓은 문제를 채점해야 했다. 시험기간이라도 공부해야 하는 분량이 확 늘어난 것은 아니다. 시험이라고 많은 분량을 요구하면 아이들은 싫어한다. 평소보다 조금 더 하는 수준으로 해야 하고 싶은 마음이 생긴다. 공부가 만만해 보여야 달려들 수 있다.

채점해보면 틀린 문제를 발견하게 된다. 이 경우 답지를 먼저 보는 것이 아니라 아이 스스로 답을 다시 찾게 해야 한다. 지금 틀렸다면 실제 시험에 비슷하게 출제되는 문제도 틀릴 수밖에 없다. 아이가 헷갈려 하는 문제들은 확실히 짚고 넘어가야 한다.

문제집의 마지막 부분에는 보통 총정리 문제가 있다. 이것은

2주간의 모든 공부가 끝나갈 때쯤 테스트 문제로 활용했다. 과목별로 실제 시험을 본다고 생각하고 시험시간처럼 혼자 풀이하는 시간을 주면 된다.

마지막에 채점을 해보면 과목별로 부족한 단원이 눈에 보인다. 그럼 이제 남은 시간은 그 부분을 정리하는 데 쓰면 효율적으로 공부할 수 있다.

학습플랜을 지키지 않으면 벌칙 주기

이렇게 시험공부를 하는 과정을 말했지만, 사실 말처럼 아이들이 처음부터 잘 따라온 것은 아니었다. 계획은 계획일 뿐 시험기간에는 서로가 예민하다. 엄마의 속을 여러 번 뒤집어 놓는다. 2주간 아이들의 컨디션이 한결같을 수 없다. 기분 좋은 날은 시키지 않아도 스스로 과제를 해놓고는 칭찬해달라는 듯 자랑하지만, 하기 싫은 날은 대책 없이 게으름을 피운다. 엄마가 한소리 하면 입은 마중 나오고 표정은 떫은 감 씹은 얼굴이다. 엄마가 욱한들 변하는 것은 없다. 감정만 상할 뿐이다. 그렇다고 매번 좋은 말로 하면 말을 듣는가. 뉘 집 개가 짖나 하고 그야말로 씨알도 안 먹힌다. 이건 갈수록 더 심해진다.

한번은 "공부하지 말고 실컷 놀아. 대신 시험점수 받고 후회하든지 말든지 엄마는 모른다." 이렇게 말하고는 어떻게 하나 보려고 다른 일에 열중하는 척했다.

"엄마, 시험공부 같이해요."

그러면 정말 놀랍게도 아이는 얼마 지나지 않아 다시 온다. 공부를 안 하면 신 나야 하는데 그렇지 않은 것이다. 그러면 나는 못 이기는 척 같이하되 분량을 줄인다. 왜 공부하기 싫은 날이 없겠는가. 게으름을 피우고 싶은 날은 적당히 풀어주기도 해야 한다. 계속 조이기만 하면 폭발한다. 나이 들면 철들고 나아질 것이라는 희망을 품기 전에 공부습관을 빨리 잡는 것이 더 빠른 해결책이다.

우리 아이들도 땡땡이치는 날이 있다. 하기 싫어서 몸을 비틀 때도 있다. 누구 집 할 것 없이 아이들은 비슷하지 않은가. 이런 아이들을 변화시키는 것이 엄마의 일인 것이다.

앞서 말한 대로 시험공부는 엄마와 했지만, 훈육에 있어서는 아빠가 엄한 역할을 해주었다. 어느 집이고 무서운 역할을 하는 사람이 있지 않은가. 엄마든 아빠든 한 사람은 아이에게 무서운 존재가 되어야 한다. 매일 아이를 잡아야 한다는 것이 아니라 잘못을 했거나 약속을 어기는 일에는 처벌이 있어야 한다는 것이다. 우리 집은 아빠가 무서운 존재다. 무조건적으로 아이들의 의견을 무시하고 때리거나 벌주는 것이라 다음에는 하지 말아야 하는 이유와 오늘 행동에서 잘못된 것을 정확히 짚어주었다.

잘못을 말로만 지적하면 아이들은 금방 잊어버리고 경각심이 없다. 그래서 우리는 강도를 조절하며 여러 방법을 시도했다. 특히 아들은 많은 벌을 받은 경험자다.

잘못을 하면 반성문 쓰기를 시켰다. 한 장을 쓰고 그것을 반복해서 따라 쓰는 것은 쉽지만 매일 다른 내용을 쓰는 것은 어렵다. 일기 쓰기도 힘든데 반성문은 사실만 쓰기에는 쓸 내용이 부족하다. 그러나 아들은 이것도 자주 써보니 요령이 붙었나 보다. 자신의 잘못에 관해 아빠, 할머니, 엄마, 동생의 입장에서 생각해보고 쓰기도 했다. 어떤 때는 미래에 대해 생각해보고 당장 이 일로 자신이 경험하는 불이익이 무엇인지도 적었다.

어느 때인지 아들이 아빠에게 물었다.

"아빠, 시험기간이니 반성문 안 쓰고 끝나고 쓰면 안 될까요?"

"왜? 말도 안 들으면서 공부는 해서 뭐 하게."

말은 그렇게 했지만 못 이기는 척 그렇게 하라고 했다. 아들은 허락을 받고는 여유시간이 생기니 정말 열심히 시험공부를 했다. 열심히 한 만큼 결과도 좋았다. 그렇다고 벌칙이 생략되지는 않았다. 다만 노력하는 모습에 조금 감면은 받았다.

이런 우리 가족의 모습을 보고 참 독하게 키운다고 생각하는 사람도 있을 것이다. 그런데 독한 사람이라서 독한 게 아니다. 오히려 내 자식에게 독하게 하기란 더 어렵다. 사랑하는 사람에게 싫은 소리 하고 싶은 사람이 있겠는가. 이렇게 단호한 결단과 실행을 하기까지 우리만의 경험치가 있었다.

우리는 억울한 마음이 없도록 살피기 위해 아이에게 반드시 발언의 기회를 준다. 예를 들어 1주일 외출금지라는 벌칙을 정하면 자신의 잘못된 행동에 맞는 합당한 벌인지 논의 후에 시행했다. 당시에는 진심으로 반성한다. 다시는 같은 실수를 하지 않을 것이라 믿어 의심치 않는다. 그러나 웬걸, 아이는 얼마 지나지 않아 마치 처음 실수한 것처럼 잘못을 되풀이한다. 뒷목 잡을 일이 수시로 터졌다.

그러나 결국 우리 아이들이 공부습관과 생활습관을 형성할 수 있었던 것은 반복된 노력의 결과였다. 얼마나 많은 시간 같은 실수, 같은 말을 되풀이했는지 모른다. 그러나 내 자식이기 때문에 포기할 수 없었다. 내 자식이기 때문에 참고 인내하는 것이다. 부모가 되어봐야 부모의 마음을 안다고 하지 않는가. 자식을 키워본 사람만이 부모의 희생을 이해한다. 우리 모두는 그렇게 부모의 희생으로 성장했다. 지금 내 아이에게 하는 희생을 억울해할 필요 없다. 이미 우리는 부모님께 많은 것을 받았고 단지 이제 내 자식에게 돌려줄 뿐이다.

오늘도 자식과 씨름하고 있다면 잘하고 있는 것이다. 포기하지 않으면 언젠가 아이는 부모의 기대만큼 성장한다. 시험이 우리 아이의 인생을 결정하지는 않는다. 특히 초등학교 시험기간에 아이를 잡을 필요는 없다. 엄마의 역할은 중학교, 고등학교에 진학할 아이에게 스스로 공부계획을 세울 수 있는 역량을 심어주는 것으로 충분하다.

05
방학기간 학습플랜 세우고 점검하기

엄마들에게 방학은 큰 걱정거리다. 워킹맘들은 아이의 식사나 간식을 챙기지 못해 안타깝고 집에 아이를 혼자 두는 경우 매우 불안하다. 시간별로 전화해서 일일이 확인할 수도 없고 하루하루가 가시방석이다. 아침에 늦게 일어나는 것은 기본이고 밥은 언제 먹는지 알지도 못한다. 그렇다 보니 아이는 학원 가기 전까지는 게임과 TV 삼매경에 빠진다. 그나마 학원을 제시간에 갔다 오면 감사할 일이다.

그렇다면 전업맘들은 방학을 반기는가? 그런 것도 아니다. 집에 있는 엄마 역시 온종일 아이들과 씨름한다. 모든 엄마에게 방학이 힘들기는 마찬가지다.

아이들이 방학을 맞이할 때의 마음가짐은 대단하다. "이번 방학은 부족한 공부를 하겠습니다. 규칙적인 생활을 하겠습니다."

말로야 뭘 못하겠는가. 부족한 공부는 둘째 치고 엄마 속이나 뒤집지 말라고 하고 싶다.

방학이 엄마에게는 왜 이리 힘든 것일까? 시간이 많으니 그동안 못한 것을 할 수 있는 그야말로 좋은 기회인데 말이다. 그런데 생각과 달리 시간은 많은 것 같은데 결과 없이 방학은 흘러가 버린다. 왜 그럴까? 방학을 어떻게 보내겠다는 목표가 없기 때문이다. 목표가 없으니 계획 또한 부재다.

100퍼센트 지킬 수 있는 생활계획표 짜는 법

방학이 시작됨과 동시에 아이들은 생활계획표부터 짜야 한다. 초등학생이라면 동그란 시계 모양의 생활계획표를 다들 알 것이다. 엄마들도 학창시절 방학 때 만든 경험이 있을 것이다.

그런데 생활계획표를 만들기는 해도 실천은 어려웠을 것이다. 아마도 작심삼일 그 정도로 그치지 않았을까? 나도 마찬가지였다. 작심삼일이 되는 이유를 찾아보면 의외로 간단하다. 계획표대로 매일 실천하기는 너무 힘든 스케줄인 것이다. 예를 들어 아침 먹고 공부, 점심 먹고 공부, 물론 다른 것도 있지만 주로 독서와 공부다. 게다가 요즘 아이들은 방학이라도 학원 가는 시간이 많아 자유롭지 못하다. 결국, 생활과 계획표가 일치하는 것이 아니라 따로 노는 것이다. 그러니 당연히 지킬 수 없을 수밖에.

계획표를 세울 때는 또 어떤가.

"엄마, 이 시간에는 뭐 할까요?"

"너의 생활계획이니 하고 싶은 일을 계획해봐."

"독서는 몇 시에 해요?"

우리 아이들도 처음 계획표를 만들 때 무엇을 넣어야 할지조차 몰랐다. 오랜 시간 고민한 결과 생활계획표를 잘 만들기는 했으나 실천이 어려웠다. 계획표 그대로 하다가는 쓰러질 판이었다. 시간별로 빼곡하니 할 일이 너무 많았다. 나중에는 아이 입에서 못하겠다는 말이 절로 나왔다.

"뭐가 잘못된 것 같아?"

"시간별로 공부가 너무 많은 것 같아요."

"그래, 그럼 네가 할 수 있는 수준으로 다시 만들어 봐."

이번에 수정한 것은 휴식도 있고 처음보다 나아졌다. 그런데 문제가 생겼다.

"엄마, 계획표를 하나 더 만들어야겠어요."

"왜? 다시 만들었잖아."

"그게 학원 가는 시간 위주로 했는데 주말에는 학원을 쉬잖아요."

아이들 스스로 하게 두면 이렇게 스스로 문제점도 발견한다. 엄마가 보기에는 느리고 답답할 수 있지만 그래도 아이가 하도록 기다려야 한다.

이렇게 스스로 계획표까지 짰으니 잘 지켜주면 얼마나 좋을까? 수시로 못 지킬 일이 생기는 건지, 지키기 싫어 일을 만드는 건지 어김없이 약속은 빗나간다.

온종일 아이들과 함께 지내지 않아도 몇 마디 대화만으로도 오늘 아이가 생활한 것이 눈에 그려진다. "오늘 계획표대로 잘 실천했어?" 아들은 아빠가 본 것도 아닌데 어떻게 알겠냐고 생각하는지 계획표를 잘 지켰다고 말한다. 그런데 아이들은 거짓말을 하면 바로 표가 난다. 눈동자도 흔들리고 목소리에도 자신감이 없다. 아이인지라 들통 날 것을 알면서도 같은 수법은 매번 반복한다. 우리가 맨 처음 생활계획표를 실천한 방학에는 실천보다 벌칙이 더 많았다.

"오늘 계획표대로 지키지 않았는데 어떻게 하지?"

"밖에서 놀고 싶어서 그런 거니까 외출금지 할게요."

"그럼 벌칙은 일주일 외출금지, 불만 없지?"

힘없이 아이들은 "없다"고 한다. 그런데 벌칙도 잊어버릴 때가 있다. 내가 마트에 가거나 볼일이 있어 주말에 밖으로 나가면 생각 없이 따라오는 것이다. 이렇게 아이들은 늘 그것에 대해 생각하고 있지 않다. 당일에는 벌칙을 잘 지키겠다고 다짐하지만 다음 날에는 잊어버린다. 만약 야단맞고 아이가 계속 기죽어 있는 모습을 보이면 어떨까? 그것도 속상하고 보기 싫을 것이다. 아들은 이런 내 마음을 아는지 다음 날이면 해맑고 천진난만했다. 하지만 벌칙은 벌칙이다. 벌칙을 상기시켜 주었다.

이렇게 포기하지 않고 우리는 속고 또 속아가며 시도했다. 저학년 때는 거의 방학마다 실천 반 벌칙 반으로 시행착오를 경험했다. 그래서 우리 아이들은 방학을 별로 좋아하지 않는다. 생활계획표를 실천해야 해서 오히려 학교 가는 것을 더 좋아했다. 방학이라고 무한정 늦잠 자고 게임에 빠지게 두지 않기 때문이다. 때문에 아이들은 이런 사정을 다른 친구들과 비교하기도 했다. 그러나 로마에 가면 로마법을 따라야 하듯이 우리는 우리 스타일로 교육하기로 했기 때문에 일관성을 유지했다.

가끔 주변에서 방학 생활계획표를 실천한다고 하면 이상한 눈으로 본다. 마치 '그게 정말 가능한가?' 하는 표정이다. 가능하다. 우리가 했으니까 말이다. 실천 가능한 만큼만 계획하면 된다.

우리 아이들은 방학 때면 따로 문제집을 산다. 복습이 필요하면 지난 학기 문제집을 구입한다. 예습이 필요한 수학은 선행용으로 구입한다. 물론 수학과 영어는 학원에서 방학 때 선행학습을 한다.

방학은 생활계획표를 짠 것으로 끝이 아니다. 다시 공부할 책을 보고 단원에 맞게 하루 공부분량을 정한다. 이렇게 세분화하는 계획은 초등학교 고학년, 중학교에 가서까지 계속해서 적용할 수 있다. 이때 부모가 염두에 두어야 할 점은, 초등학교 저학년의 방학에는 습관을 만드는 것에만 집중하는 것이다. 초등학교 저학

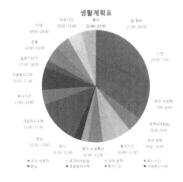

아들이 짠 고1 방학 하루공부계획

년 방학 때 우리 아이들은 학원 외에 엄마와 약속한 하루 공부를 지키는 것을 최우선시 했다. 그리고 독서하는 습관과 체력을 기르는 운동습관을 길러주었다.

여기까지 보면 '왜 그렇게 아이들을 힘들게 하는가. 어린 나이에는 뛰어놀아야지. 학원 가서 공부하는 것으로 충분하다'고 말하는 사람도 있을 것이다. 아이를 힘들게 하고 싶은 부모가 있을까? 엄마들이 자주 하는 "다 너 잘되라고 하는 것이다"라는 말은 우리도 역시 부모님께 들은 말이다. 그러나 나는 이 점을 다시 한번 강조하고 싶다. 알아서 하는 아이는 없다. 어쩌다 있다면 별종이다. 우리는 알아서 하는 아이로 키우기 위해 지금 노력하는 것이다. 그 과정에서 아이도 엄마도 힘든 것은 당연하다.

엄마는 긴 방학 내내 아이들의 밥을 챙겨야 한다. 건강도 챙겨야 하고 공부도 챙겨야 한다. 방학이라 숙제는 보너스로 있다. 최소한의 것만 하느냐, 조금 더 욕심을 내느냐. 이 모든 것은 부모의 선택이다.

지금 우리 아이들의 방학 모습은 어떨까? 궁금하지 않은가? 초등학교 졸업까지 매번 방학마다 생활계획표를 실천한 결과 이제는 스스로 계획표를 짠다. 고1, 중1 두 아이는 부족한 과목을 보강하는 공부부터 먼저 계획하고 실천한다. 생활계획표 한 장과 세부 공부계획서 한 장을 만든다. 아들은 엑셀로 표를 만들었다.

이건 결코 하루아침에 이루어진 것이 아니다. 초등 6년간의 반복 학습의 결과이다. 그동안 아이들이 계획을 실행하지 못하면 수많은 벌칙을 주었다. 외출 금지, 휴대폰 사용 금지, 게임 금지, TV 시청 금지, 반성문 쓰기 등 규칙을 지키지 않은 일의 원인이 된 일을 중심으로 벌칙을 정했다. 예를 들어 TV 시청을 오전 내내 했다면 일주일 동안은 TV 시청 금지가 벌칙이다.

칭찬은 고래도 춤추게 한다고 했다. 아이가 계획을 실천한 날이면 무조건 칭찬부터 해야 한다. 우리는 그렇게 칭찬과 벌칙을 오가며 초등 6년의 방학 동안 생활계획표를 정복하기 위해 고군분투했다.

학년이 올라갈수록 방학을 어떻게 보내는가에 따라 다음 학기의 성적에도 영향을 미친다. 공부 잘하는 아이는 때를 가리지 않는다. 평소에 공부하는 아이가 당연히 시험을 잘 본다. 방학을 알차게 보낸 아이는 학기 중에도 성실하다. 엄마가 할 일은 간섭이 아닌 점검이다. 우리 아이가 생활계획표를 실행할 수 있게 도와주고 격려해주는 일이다. 스스로 학습하는 능력은 이렇게 부모와 하나씩 만들어가는 것이다.

(3장)

실전! 자기주도학습을
완성하는 공부습관 노하우

01
문제집 고르는 법

세상에 책은 넘친다. 문제집도 선택하는 게 어려울 정도로 다양하다. 그런데 대부분 사람은 자신이 못한다고 인정하기보다는 연장을 탓한다. 책을 읽지 않는 아이들도 책 탓을 한다. 책 탓은 아마도 자신의 수준에 맞지 않아서 하는 불평일 것이다.

문제집을 탓하기 전에 먼저 챙겨야 할 것이 있다. 수업시간에 공부하는 교과서이다. 우리 아이들의 교과서는 어떤가? 이제는 초등학교 교과서도 예전과 많이 다르다. 단순히 개념에서 끝나지 않고 사고를 요구하는 내용으로 구성되어 있다. 문제집은 교과서를 바탕으로 한 두 번째 교재이다. 그럼 기본은 교과서인데 문제집을 먼저 보는 것이 맞을까? 나는 꼭 교과서부터 먼저 보라고 하고 싶다.

명문대 합격생의 인터뷰를 보면 "어떻게 공부했어요? 비법이 있나요?"라는 질문에 마치 짜고 하는 듯 비슷한 대답만 한다. "별다른 것은 없어요. 교과서에 충실했어요." 식상하지 않은가? 우리는 실망한다. "뭐야! 그거 누가 몰라!" 그러나 역시 공부의 기본은 변함없이 교과서다.

새 학기가 시작되면 중학생 딸과 고등학생 아들은 교과서 외에 문제집을 따로 구매한다. 예체능 과목 빼고는 모든 과목의 문제집을 구매해달라고 나에게 요청한다. 그리고 교과서 진도보다 조금 앞선 선행을 한다. 혼자 하기 벅찰 때는 인강을 이용한다. 과목 수가 많아져 모든 과목의 공부를 학원에서 하기는 어렵다. 우리 아이들은 영어와 수학만 학원에 다닌다. 물론 외고에 다니는 아들은 학교에서 자체 보충하고 학원은 다니지 않는다.

요즘 아이들은 교과서를 어느 정도 볼까? 아마 학교 수업시간에만 보는 학생이 많을 것이다. 책은 당연히 학교 사물함에 있다. 무겁게 들고 다니며 볼 일은 없다. 가끔 숙제가 있는 과목은 예의상 챙겨온다. 그래도 보통 교과서를 읽을 기회는 수업시간뿐일 것이다. 그 이외 시간에 교과서를 읽어본다는 것은 이상할 정도다.

그런데 시험은 어디에서 출제되는가? 당연히 교과서다. 아이의 교과서를 살펴보면 수업시간에 활동한 내용이 많다. 문제집을 보더라도 기본이 되는 것은 교과서임을 잊어선 안 된다.

초등학교 과정에서 문제집을 고르는 것은 크게 고민하지 않아도 된다. 교과 과정이 복잡하지 않기 때문이다. 과목별로 한 권씩 구매할 수도 있고 전체 총정리 된 한 권을 구매할 수도 있다. 초등과정이기 때문에 공부분량이 적다.

문제집은 교과서의 내용을 잘 인지했는지 확인하는 과정이다. 만일 문제집의 문제만 외운다면, 문제 유형을 조금만 바꾸어도 정답을 찾지 못한다. 문제집을 푸는 것은 좋으나 확실히 개념이 잡혀야 실력이 상승한다.

우리 아이들은 6세부터 시작한 기탄문제집으로 공부의 기반을 잡았다. 이때부터 단계별로 차근차근 풀어온 문제집은 초등학교 진학 후에도 이어졌다. 아주 기초적인 것부터 시작했기 때문에 한 장씩 하는 공부에 이제는 부담이 없다.

우리 아들의 경우 수학은 연산부터 시작해서 초등학교까지 기탄문제집을 단계별로 풀었다. 국어도 마찬가지로 교과서에서 배우는 과정 그대로 단계별로 하루 계획된 분량만 공부했다. 영어는 집에서 따로 문제집을 풀지는 않았다. 대신 학원숙제를 매일 했다. 가끔은 집에서도 홈페이지에 접속해서 테스트하거나 인강을 들었다. 아들이 공부방에 다니기 시작한 5학년 때는 이미 공부 습관이 잡혀 있었다. 그래서 여러 과목을 예습하고 복습하는 것을 전혀 어려워하지 않았다.

문제집을 구입할 때는 가급적이면 아이들과 같이 가는 것이 좋다. 책 내용과 수준을 미리 볼 수 있어 아이도 관심을 가진다. 그리고 다른 책에도 눈을 돌리게 된다. 문제집 한 권을 사러 갔다가 아이들이 보고 싶은 다른 책도 사야 하는 상황이 발생하기도 하지만, 그래도 책이니까 기쁜 마음으로 살 수 있다.

나는 아이들이 한 권의 문제집을 다 풀면 항상 작은 선물을 했다. '다음 문제집도 열심히 공부해야지' 하는 마음이 들게 하려고 당근을 쓰는 것이다. 교육에는 당근과 채찍이 필요하다. 적절히 사용한다면 최고의 결과를 낼 수 있다.

문제집, 내 아이 수준에 맞는 단 한 권이면 충분하다

문제집은 어디까지나 아이가 풀어야 하는 것이다. 그러므로 아이의 의견을 따라 주는 것이 좋다. 여러 출판사 중 유독 마음에 들어 하는 책이 있다면 나는 아이의 선택을 지지해주었다.

문제집을 선택하는 것보다 중요한 것은 푸는 것이다. 열심히 골라만 두고 풀지 않는다면 아무 의미가 없다. 문제집을 살 때도, 공부를 시작할 때도 우리는 열심히 해야지 하는 마음을 품고 시작한다. 이름도 쓰고 좋아하는 스티커도 붙인다. 첫 장은 누구나 열심히 본다. 여러 색깔로 칠도 하며 의지를 불태운다. 그런데 몇 장 하고 나면 슬슬 하기 싫은 마음이 발동한다. 일단 덮는다. 다시 펴기까지는 많은 시간이 걸린다. 처음 마음과 같다면 우리는 모두 우등생이 될 것이다.

학교 다닐 때 그런 기억이 없는가? 작심삼일 공부하다가 포기하고 다시 처음부터 시작하고, 결국은 문제집 앞부분만 여러 번 본 적 말이다. 이 경우 의지의 문제도 있지만 자기 수준에 맞는 문제집을 고르지 못한 탓도 있다. 만약 문제가 쉬웠다면 어떻게 하겠는가? 아마 처음보다 진도가 더 나갔을 것이다. 처음에는 마음을 다잡고 하다가 어려워지는 순간 재미가 없어진다. 하기 싫은 마음이 고개를 드는 것이다.

물론 어려운 문제에 도전하는 것도 필요하다. 그러나 기초가 되어 있을 때라는 전제조건이 있다. 평소에 늘 공부하는 아이는 문제가 되지 않는다. 수준별, 단계별로 하는 경우는 상관이 없다. 그러나 기초가 없는 아이에게 또래가 보는 책이라고 권하면 상황은 달라진다. 문제집을 살 때는 아이의 수준을 먼저 고려해야 한다. 꼭 남들이 보는 책을 봐야 하는가? 그렇지 않다. 소신껏 엄마가 골라도 된다. 단지 순간마다 아이의 학습 상태를 점검해주는 엄마가 되면 된다.

고1이 된 아들의 문제집을 사러 간 적이 있다. 나는 영어문제집 쪽으로 걸어갔다. 순간 나를 도와주려고 서점 주인이 아이가 몇 학년이냐고 물었다. 고1이라고 대답하자 빠르게 문제집을 찾아주셨지만, 왠지 아닌 것 같았다. 메모해간 것을 확인하고 다시 찾아달라고 부탁을 드렸다. 그러자 "좋은 학교에 다니는 학생이네요" 하셨다. EBS 교재는 대부분 아이가 보는데 왜 그렇게 말씀

하시는지 몰랐다. 그분 말씀이 처음 고른 책은 고1 수준이고 나중에 주신 책은 고3 수준이라는 것이다. 학년은 같이 올라가지만 아이들의 수준은 같을 수 없다. '학년'에 맞는 문제집이 아닌 '수준'에 맞는 문제집을 골라야 하는 이유다.

지금 두 아이는 당연히 문제집을 스스로 고른다. 나는 결재만 한다. 문제집을 고르는 요령은 간단하다. 아이의 수준이 현재 학년의 문제를 보는 데 크게 지장이 없다면 표준으로 가면 된다. 우리 집아이들은 교과서를 기반으로 한 기본 문제집을 샀다. 교과서 내용 위주로 주요 개념정리가 되어 있고, 단원별로 중요한 문제를 풀 수 있다. 마지막은 단원을 총정리하는 문제로 한 단원을 정리한다. 아마 대부분의 문제집 구성이 비슷할 것이다. 다만 학교마다 사용하는 교과서의 출판사가 다르므로 교과서에 맞는 문제집을 선택하면 된다. 단지 기본보다 좀 더 수준 높은 문제를 풀고 싶다면 심화문제로 선택하면 된다. 초등학교는 기본 한 권의 문제집과 교과서 공부로 충분하다.

만약 아이가 해당 학년보다 실력이 조금 뒤처진다면 한 단계 낮은 문제집을 선택해야 한다. 선행되어 있어 지금 학년의 문제는 껌이라 생각한다면 다음 단계로 수준을 높이면 된다. 자신의 실력이 평균보다 낮다고 생각되면 조금 쉬운 단계를 풀어 자신감을 얻을 필요가 있다. 반면 내 수준은 내가 생각해도 또래보다 높다고 자신만만하다면 조금 어려운 문제에 도전하는 것이 좋다. 잘하는 아이는 어려운 문제를 만나면 포기하는 것이 아니라 성취하고자 하는 욕구가 더 강해진다. 그러나 자신감이 부족한 경우라면 오히려 자신감을 더 끌어내리게 된다. 그러므로 자신의 능력을 고려한 문제집 선택이 중요하다.

우리가 문제집을 사는 이유는 교과서 내용을 문제화했을 때 정답을 잘 찾기 위해서다. 그리고 문제집을 끝까지 푸는 것이 목표이다. 그런데 수준이 고려되지 않는다면 당연히 먼지만 쌓이는 책이 되는 것이다.

나는 아이들이 끝낸 문제집을 당장 버리지 않는다. 책장에 쭉 꽂아둔다. 하나씩 늘어가는 문제집을 보면 아이들은 뿌듯한 마음이 든다. 엄마가 도와줄 일은 아이가 한 권의 문제집을 꾸준히 풀 수 있게 점검하는 것이다. 대부분 학원은 사용하는 교재가 정해져 있어 아이들에게 선택권이 없다. 학원에서 아이들의 수준에 맞게 선정하는 것이라 문제가 없다. 집에서 혼자 공부하는 경우라면 앞서 말한 수준을 고려한 선택을 하면 될 것이다.

아이들의 초등학교 시절을 생각해보면 공부에 있어 문제집은 액세서리다. 결국, 교과서에 충실하다면 어떤 문제도 풀 수 있다. 내가 가장 강조하는 하루 공부, 즉 한 장의 문제집 풀이는 초등학교 공부를 쉽게 하는 팁이다.

02
학원 고르는 법

'사교육이 왜 필요한가?'라는 질문에 자신 있게 말할 수 있는 사람이 몇 명이나 될까? 그러나 교육정책은 사교육을 줄인다고 하지만, 부모가 느끼는 체감은 언제나 변함이 없다. 나도 대한민국에서 일하는 엄마로 살면서 사교육을 외면할 수 없었다.

아들은 초등학교 2학년 겨울방학부터 영어학원에 다니기 시작했다. 처음 학원이라는 곳을 간 것이다. 학교에서 방과 후 활동으로 영어 수업을 하고 있었지만 매일 하는 수업이 아닌데다가 학생이 많아 개별 피드백이 이루어지지 않았다. 그렇다 보니 아들이 먼저 자처해서 영어학원에 가고 싶다고 했다. 스스로 선택했기 때문인지 아들은 영어전문학원에 더욱 관심을 보이고 열심히 공부했다.

영어는 말을 해보고 테스트를 해봐야 실력도 늘고 흥미도 붙는다. 학원은 아이들이 듣고 말하고 시험 보게 하고 잠시도 가만히 두지 않는다. 단어도 외워야 하고 매일 숙제도 있다. 아들은 또래 친구보다 실력이 앞서자 나중에는 중학교 문제를 푸는 단계까지 올라갔다. 열심히 한 것도 있지만 선생님의 칭찬이 큰 역할을 했다.

우리 아들이 다닌 영어학원 원장님은 아이들을 철저하게 관리했다. 제일 좋은 것은 부모에게 아이의 학습상태를 자세히 알려주는 것이었다. 숙제를 안 해왔다거나 단어를 외우기 싫어한다거나 수업시간에 집중을 못 한다는 것 등 사소한 것도 알려주셨다. 그리고 영어 수준은 현재 어느 정도인지, 현재 어떤 부분을 공부하는지 설명해주셨다. 전화로 다 알려주시니 집에서 어떻게 공부해야 할지 감을 잡을 수 있다. 매번 처음처럼 상담을 받는 기분이었다. 워킹맘은 이런 선생님이 참 고맙다.

나는 아들이 초등학교 다닐 무렵에 내 공부를 시작했기 때문에 사실 무척 바빴다. 그럼에도 매일 계획한 아이와의 공부는 손에서 놓지 않았지만 딸의 공부도 같이 봐주어야 하니 혼자서 하기가 버거웠다. 아이가 초등 4학년까지는 집에서 공부하고 영어 학원만 다니는 정도였지만 고학년으로 올라가면서 공부할 분량이 늘어나자 특단의 조치가 필요했다.

"강민아, 이제 조금 있으면 중학교에 가야 하니 공부를 좀 더 체계적으로 해야 할 것 같은데 네 생각은 어때?"

"엄마, 친구들도 종합학원에 다니거나 아니면 공부방에 다녀요."

"그래, 그러면 엄마가 공부방을 알아볼게."

아들과 의논하자 아들이 두 번째 담임선생님이라 알려진 공부방을 선택했다. 공부방은 단체수업을 하기도 하지만 각자 컴퓨터로 인강을 들었다. 이때 혹시 자녀가 인터넷으로 게임을 많이 하는 경우라면 인강으로 수업을 듣는 것은 고려해봐야 한다. 인강은 틀어만 두고 다른 짓을 하는 경우가 많기 때문이다. 선생님과 눈을 마주치고 하는 수업과 달리 인강은 다른 행동이 가능하기 때문에 자기 행동에 통제가 안 되는 아이라면 교육 효과가 없다.

공부방은 문제를 풀고 모르는 것이 있으면 선생님께서 보충설명을 하는 수업 방식이었다. 다행히 아들은 공부방 선생님을 잘 따랐다. 잔소리하는 엄마보다 친절한 선생님이 훨씬 마음에 들었나 보다.

영어학원과 공부방 공부가 끝나면 늘 숙제를 안고 귀가한다. 여기서 중요한 것은 학원은 아이가 가고 싶어 해야 성과가 있다는 것이다. 가기 싫은 학원을 엄마 욕심으로 억지로 보내면 돈만 날리게 되는 셈이다.

그렇게 아들이 공부방에 가기 시작하자 나는 한결 여유가 생겼다. 내 할 일을 선생님께서 해주시는 것 같아 감사한 마음이 들었다. 아들도 집에서만 하는 것보다 재미있다고 했다. 인강과 선생님 설명이 어우러지자 이해도 빠르고 진도도 빨랐다. 선생님은 아이가 공부하기 싫어하는 날이면 조금 느슨하게 수업하고 다음 날 진도를 더 나가는 식으로 개인 맞춤형으로 수업을 진행했다. 덕분에 아이가 느끼는 만족도가 더 높았다.

왜 학원 보내세요?

학원은 아이들의 부족한 공부를 보충하는 곳이다. 아울러 앞으로 배울 내용을 선행하는 곳이기도 하다. 내 공부에 도움이 되기 위해서 사교육을 활용하는 것이다. 그런데 일부는 학교 가는 것처럼 의무로 여기고 출석에 의미를 부여하는 학생도 있다. 부모가 가라고 시켰기 때문에 할 수 없이 학원에 가는 것이다. 그러면 공부는 먼 나라 이야기이고 내내 딴짓만 하다가 귀가한다. 이런 마음이라면 학원에 다닐 이유가 없다. 돈이 아깝다. 엄마는 아이의 뒷바라지를 한다고 하지만, 아이는 "누가 시켜달라고 했어요?" 이렇게 싹수없이 말한다. 부모는 "내가 너 좋으라고 보내지, 돈이 남아돌아 보내냐"라고 한탄하면서도 당장 끊지 못한다. 학원을 안 가면 엄마는 걱정이다. 그나마 학원이라도 가기 때문에 그 성적이라도 유지한다고 생각하기 때문이다. 많은 엄마가 공감하는 부분이다. 엄마가 공부를 다 봐줄 수도 없고 안 보내면 뒤처질 것 같아 무리해서라도 보내는 것인데 아이는 속을 뒤집는다.

한참 영어에 재미를 붙이고 열심히 하던 아들이 학원을 빠진 날이 있었다.

"어머님, 아직 아이가 학원에 오지 않았어요."

선생님의 전화를 받고 무슨 일이라도 생긴 건지 걱정이 되었다.

"네, 선생님. 알아 보고 전화드리겠습니다."

불길한 예감은 틀리지 않는다. 아들은 친구와 신 나게 논다고 학원을 외면했다.

한 번 빠지면 두 번 빠지는 건 일도 아니다. 공부가 어렵거나 힘들어서 학원을 빠졌다면 다르게 접근해야 할 테지만, 이건 논다고 빠진 것이다. 할 일을 미루고 하고 싶은 일을 먼저 한 것이다. 나는 다음 날 바로 학원을 끊어버렸다. "어머님, 아이가 한 번 빠졌다고 학원을 끊는 것은 처음 봅니다. 좋게 타이르면 되지 않을까요?" 선생님은 오히려 아이를 단속 못 해 미안하다며 설득하려고 했다. 그러나 나는 단호했다.

한 달간 아들은 영어학원에 못 갔다. 그 시간에 집에서 스스로 공부하게 했다. 한 달이 지나자 바로 학원에 보내 달라고 했다. 나는 단단히 약속을 받고서 다시 아이를 학원에 보냈다. 그 이후에는 한 번도 학원을 빠지지 않았다. 이제는 빠질 일이 생기면 미리 확인을 받는다. 시간이 부족하면 학원에 들러 과제를 받아온다. 한 달간 아이는 혼자 공부도 해보면서 학원을 빠지면 자신이 손해라는 것을 경험하게 된 것이다.

그 한 달이라는 시간이 아깝다고 생각될지 모르지만 앞으로 변화될 아이의 행동을 생각하면 의미 있는 결정이었다. 학원에 보내지 않을 때 나도 마음이 편치 않았다. 그러나 채찍을 사용하지 않으면 아이는 다음에 또 같은 행동을 하게 된다. 잘못을 하고도 잘못을 인식하지 못할 수도 있다.

학원에 다니면 성적이 오르는 진짜 이유

중학교 입학 후에도 아들은 공부방을 열심히 다녔다. 영어처럼 따로 수학학원에 가야 하나 고민할 때였다. 공부방 선생님께서 "어머님, 수학전문학원에 보내거나 과외하실 생각 없으세요? 공부를 잘하니까 과학고등학교를 생각한다면 대비하셔야 합니다" 라고 했다. 나는 아들이 수학 진도를 못 따라가는지 여쭈어보았다. 선생님 말씀은 특목고는 아무래도 선행을 하니까 미리 준비하는 것이 유리하다는 것이었다.

한동안 고민을 했다. 그러던 찰나 초등학교까지 우등생이었던 아들이 중학교 수학시험에서 C등급을 받아왔다. 다른 과목은 이상이 없는데 수학만 그랬다. 선생님은 분명 기본 개념을 알고 문제를 풀 수 있다고 하셨는데, 이게 무슨 일인가? 아들도 자신의 수학 성적에 충격을 받았다. 나 또한 공부방 선생님의 조언을 새겨들어 빨리 전문학원에 보내지 않은 것을 후회했다. 엄마가 아이의 성적을 망친 것이 아닌가 하는 생각도 들었다.

아들은 그 후 바로 수학전문학원으로 옮기겠다고 했다. 자기주도학습이 가능한 학원에서 상담을 받았다. 원장님께서 "기본개념은 알고 있습니다. 다만 방법에 문제가 있습니다. 지금부터 노력하면 충분히 따라갈 수 있는 수준입니다"라고 해주셔서 큰 위로가 되었다.

아들은 마음을 다잡고 처음부터 다시 시작했다. 이미 배운 내용부터 다시 문제집을 펼쳤다. 하루에 할 예습과 복습 분량이 많았지만 목표가 있었기에 열심히 노력했다. 시험시간에 맞게 문제풀이 시간을 맞춰 실전처럼 풀었다. 무엇보다 스스로 공부하는 시간을 몇 배로 늘리면서 차츰 자신감이 붙기 시작했다.

영어와 비교하면 아들의 낮은 수학 점수는 오히려 당연한 결과였다. 초등학교부터 꾸준히 많은 시간을 투자한 영어와 달리 수학에 투자한 노력은 비교할 수 없는 수준이었다. 아들은 많은 문제를 풀었고 오답노트를 작성하면서 목표 점수 100점에 도달했다. 그 기쁨은 말로 표현할 수 없었다. 지금까지 받은 다른 100점짜리 점수와 비교할 수 없는 가치였다. 그때의 아들 표정이 아직도 생생하다. 이후 아들은 영어학원과 수학학원을 동시에 옮겼다. 자기주도학습이 잘 맞았고 선생님과의 관계가 좋았기 때문이다.

엄마들은 아이의 성적이 떨어지면 제일 먼저 생각하는 것이 학원이다. 실력이 좋다고 소문난 학원으로 옮기면 괜찮아질 것이라 판단한다. 그러나 공부는 학원이 해주는 것이 아니다. 물론 잘 가르치는 선생님이 필요하다. 그러나 우리 아들은 학원을 옮겼기 때문에 100점을 받은 것이 아니다. 100점을 받을 만큼의 노력을 했기 때문이다. 아마 공부방에서 그만큼 노력했다면 수학학원을 생각하지 않았을 수도 있었을 것이다.

점수로만 생각하면 안타까운 일이지만, 오히려 낮은 수학 점수가 앞으로의 수학공부에 있어 큰 의미를 부여했다. 실패를 경험함으로써 아들은 해결 방법을 찾고 목표를 달성하는 방법을 경험했다. 영어 점수처럼 계속 100점을 받았다면 이 소중한 경험을 하지 못했을 것이다. 이 경험은 앞으로 공부뿐만 아니라 인생을 살면서 큰 교훈이 될 것이다.

아직 성적이 학원 탓이라고 생각한다면 다시 한 번 내 아이를 살펴보자. 스스로 깨닫고 노력해야만 실패를 경험 삼아 더 큰 성취감을 얻을 수 있다.

03
오답노트 점검하는 법

딸은 수학학원에서 공부노트를 따로 작성한다. 선생님이 평가하기 좋고 아이들이 쓰기 편한 형식을 사용한다. 다른 과목도 그렇지만 수학은 늘 과제가 있다. 수학은 매일 공부해야 실력이 향상된다. 듣기만 하는 공부는 내 공부가 아니다. 실제 내 공부가 되려면 수업 후 스스로 문제를 풀어봐야 한다. 공부를 잘하고 못하고는 여기서 차이가 난다.

머릿속에 문제풀이가 정리되면 이제부터는 반복해야 한다. 학원 선생님도 수업 전에 먼저 공부하고 수업을 진행한다. 나 역시도 강의 전에 공부하고 수업에 임한다. 이처럼 학생들보다 많이 알고 있는 선생님도 사전에 공부를 한다. 수학을 잘하고 싶다면 문제를 이해하고 무한 반복해서 풀어야 한다. 그런 노력 없이 높은 점수를 바라면 안 된다.

중학생이 된 딸은 시험 후 과목마다 오답노트를 다르게 작성하기 시작했다. 사회는 틀린 문제풀이를 한다. 자신이 틀린 문제에 대해 답만 쓰는 것이 아니라 직접 책을 찾아 해당 부분에 대한 설명까지 쓴다. 오답노트는 수학에만 적용되는 것이 아니라 전 과목에 필요하다. 오답노트의 주된 목적은 같은 문제를 다시 틀리지 않는 것이다. 따라서 오답노트를 작성할 때는 다시 한 번 자신이 확실히 아는 문제와 잘 모르는 문제를 구분해야 한다. 운 좋게 맞는 문제는 내 실력이 아님을 기억해야 한다.

대부분 학생은 수업을 듣고 나면 공부를 많이 했다고 생각한다. 심지어 수업한 내용을 다 아는 것으로 착각한다. 그러나 1시간 수업에서 배운 내용을 내 것으로 익히는 데 걸리는 시간은 3시간이라고 한다. 나의 지식으로 소화하기 위해서는 3배의 노력이 필요하다. 그러나 종일 학교수업을 받고 늦은 밤까지 학원에 다닌다면 정작 자기 공부를 할 시간이 별로 없다.

나는 배우는 과정이 25퍼센트, 익히는 과정이 75퍼센트라고 생각한다. 중학교 1학년인 딸은 수학학원에 다니지만 스스로 공부하는 시간이 훨씬 더 많다. 먼저 인터넷 강의로 학습을 한다. 개념정리가 되면 자기만의 정리법으로 요점정리를 한다. 문제집의 문제를 풀이과정까지 꼼꼼하게 쓴다. 이 과정에서 선생님의 부연설명을 듣고 스스로 문제 풀이과정을 점검한다. 틀린 문제에 대해서는 오답노트를 정리하고 복습한다. 이때 중요한 것은 스스로 하는 것이다. 문제집에 바로 문제를 풀지 않고, 노트에 문제를 풀고 책은 깨끗하게 남겨둔다. 이유는 시험기간에 다시 풀어보기 위해서다. 이처럼 수학은 시간투자가 필요하다. 틀린 문제는 반드시 내 것으로 만들어야 한다.

수학은 무조건 문제를 많이 풀면 점수가 오른다고 생각하지만, 그 이전에 사고력, 창의력, 논리력이 바탕이 되어야 한다. 사고력과 문제해결능력을 키우기 위해서는 개념 정리부터 해야 한다. 스스로 문제해결능력을 키운 후 반복 학습해야 한다.

딸은 수학문제 풀이를 할 때 객관식 문제는 주관식으로 바꾸어 풀이과정을 쓴다. 이런 훈련은 시험에서 서술형 문제를 풀 때 시간 부족으로 당황하지 않게 해준다. 틀린 문제는 반드시 스스로 오답노트를 작성한다. 여러 문제유형을 스스로 풀이해보기 때문에 문제해결능력이 생긴다. 이런 방식으로 공부하면 시간이 많이 소요된다고 생각하지만 습관이 되면 오히려 시간을 단축할 수 있다. 자신이 자주 하는 실수를 알게 되고 같은 실수를 반복하지 않기 때문이다.

오답노트 100퍼센트 활용법

내가 하는 일은 아이가 하는 공부를 확인하는 일이다. 그런데 오답노트가 하는 역할이 비슷하다. 공부를 스스로 했는지 물어보고 어려워하는 부분을 해결해주는 일이다. 초등학교 때 알림장을 보면 '받아쓰기 틀린 것 10번 써오기'라는 과제가 반드시 있다. 학년마다 방법은 다르지만 틀린 문제는 꼭 자기 것으로 만드는 노력이 필요하다. 우리 아이들은 같은 학원에 다녔기 때문에 오답노트 작성방법도 같다. 초등학교 때는 문제를 다시 풀거나 비슷한 문제로 개념정리를 했다. 이때 묻고 답하고 확인을 했다면, 중학교부터는 그것으로 부족했다. 자기만의 오답노트를 만들고 반복해야 지식이 자기 것이 된다.

학교에서 과제로 받은 오답노트 작성은 문제를 그대로 옮겨 적는 것으로 끝나는 경우가 많다. 과제를 위한 형식적인 오답노트 작성법이다. 그러나 '공신(공부의 신)'들은 다르다. 그들은 실수를 잘하지 않는다. 애초에 틀린 것은 철저하게 정리하여 복습하기 때문이다. 시험을 보게 되면 아는 문제인데 실수해서 틀리는 경우가 있고, 모르는 문제인데 운이 좋아 맞는 경우가 있다. 모르는 문제인데 정답을 찾았다면 우선 기분은 좋다. 그런데 다시 그 문제가 나왔을 때 또 맞는다는 보장이 없다. 공부에 관심이 없는 학생은 단순하게 점수 오르는 것만 좋아한다. 반면에 공부 잘하는 학생들은 시험문제를 전체적으로 분석한다. 다음에는 비슷한 유형의 문제를 완벽하게 맞히기 위해서다. 공신들이 실수하지 않는 이유는 철저하게 분석하고 문제를 다시 풀기 때문이다.

책 한 권을 고를 때 무엇부터 보는가? 나는 목차부터 본다. 목차는 그 책의 뼈대에 해당한다. 즉 목차를 보면 그 책의 집필 방향을 알 수 있다. 교과서도 이와 다르지 않다. 우리가 공부하고 알아야 할 부분은 목차에 정리되어 있다. 목차가 머릿속에 들어오면 무엇을 공부해야 하는지 알 수 있다. 수업시간을 생각해보면 선생님께서 항상 수업 전에 하시는 말씀이 있다. "오늘 수업목표는 ○○입니다"라고 시작한다. 그럼 학생들은 오늘 수업목표를 이해하기 위해 집중하게 된다.

그렇다면 시험을 출제하는 선생님은 무슨 기준으로 문제를 출제할까? 무턱대고 출제하고 싶은 문제 위주로 선택하지 않는다. 단원별로 목표에 부합하는 문제로 구성한다. 문제의 수 또한 한쪽에 치우치지 않게 분배한다. 그래서 우리는 공부할 때 목차에 부합하는 공부를 해야 한다. 목차는 모르는 길을 안내해주는 내비게이션과도 같다.

오답노트를 작성할 때도 목차를 활용해서 정리하면 도움이 된다. 무턱대고 틀린 것만 정리하면 그것으로 끝나는 경우가 많다. 한번 정리했다고 자기 것이 되는 건 아니다. 우리의 기억력은 그렇게 길지 않다. 따라서 오답노트도 뒤죽박죽이 아니라 목차에 맞게 정리하고 분류해야 한다. 그래야 보기도 좋고 문제파악이 쉽다.

분류를 잘하게 되면 좋은 점이 있다. 문제의 출제 경향이 눈에 보이게 된다. 공부를 많이 하면 문제의 첫 줄만 보아도 무엇을 묻

아이들은 시험을 보기 전에는 꼭 요점 정리를 했고, 문제집을 푼 후에는 오답노트를 만들었다.

는 것인지 알 수 있다. 이 정도 되면 신 나서 문제를 풀 수 있다. 공부 잘하는 학생들은 시험문제를 예측한다. 오답노트를 단원에 맞게 정리하면 그 단원의 중요한 문제들이 눈에 들어온다.

공부를 하다 보면 특히 어려운 단원이 있다. 반면 쉽고 재미있는 부분도 있다. 그렇다면 오답노트에 어려운 부분을 더 집중적으로 정리하면 된다.

중1 딸은 수학의 도형 부분이 재미있다고 했다. 그러나 아는 문제를 실수할 때가 있다. 문제를 잘못 읽는 경우가 있기 때문이다. 딸은 중간고사에서 수학 문제를 다 푼 것으로 알고 있다가 뒤늦게 답을 적기도 했다. 자주 하는 실수가 있다면 꼭 시험 전에 점검해야 한다. 그러면 오답노트의 분량을 줄일 수 있다.

공부는 잘하지 못하는데 노트정리는 예쁘게 하는 학생이 있다. 그런 학생들은 정리만 열심히 하고 다시 펼쳐보지 않기 때문에 효과가 없는 것이다. 오답노트는 정리하는 데 의미가 있는 것이 아니라 다시 보는 데 의미가 있다. 복습하여 실수하지 않기 위한 훈련이다. 한번 기록하고 방치하는 것이 아니라, 단원별로 분류하고 다시 복습할 수 있는 오답노트로 만들어야 한다.

오답노트에 모르는 것을 잘 정리해야 하는 또 다른 이유가 있다. 과목마다 별개의 내용을 배우는 것 같지만 사실 모든 공부는 연관성이 있다. 역사와 관련된 교육은 초등학교에서부터 시작돼서 중학교, 고등학교까지 이어진다. 고등학교에서 갑자기 새로운 것을 배우는 것이 아니다. 초등학교의 역사가 바탕이 되어 중학교, 고등학교로 점차 지식을 넓혀 채워나가는 과정이다. 따라서 기초가 없으면 다음 학습에 지장이 생긴다.

그래도 암기과목은 기초가 없어도 단기간에 점수를 올릴 수 있다. 그러나 영어, 수학, 과학, 국어와 같은 과목은 기초가 없으면 공부를 포기하기 쉽다. 오답노트 정리를 통해서 학년에 맞는 지식을 쌓아야 하는 이유이다.

같은 실수를 반복하고 싶은가? 기초학력에 미달되고 싶은가? 아닐 것이다. 누구나 공부를 잘하고 싶어 한다. 그렇다면 남들이 하기 싫어하는 것부터 시작하자.

공신들은 다르다. 틀린 문제에 감사함을 느낀다. 공신은 같은 실수를 하지 않는다. 그 비법은 오답노트에 있다. 여러분의 아이도 충분히 공신이 될 수 있다.

04
시험공부 하는 법

초등학교 아이들의 시험기간이면 나의 하루는 가장 바빠졌다. 시험기간 2주 전부터는 아이들과 시험공부 계획을 세운다. 아이들은 하루 공부분량을 혼자서 풀이한다. 저녁 퇴근 후 집으로 돌아오면 나는 아이들의 문제집 채점부터 한다. 매일 예습을 하고 문제 풀이를 하기 때문에 채점을 해보면 많이 틀리지는 않는다. 틀린 것은 수정하게 하고 그 사이 나는 집안 볼일을 본다. 이때 주의할 점은 반드시 하루 계획한 만큼만 하는 것이다. 엄마 욕심으로 더 하자고 하고 싶겠지만 참아야 한다. 다만 아이가 잘 이해를 못 한 부분이 있다면 책을 찾아서 반드시 확인한다. 한번 틀린 것은 또 틀릴 수 있으므로 별표를 크게 해둔다. 내 경우 상황에 따라 틀린 부분의 요점을 말로 확인시켜주기도 했다.

시험 2주 전부터 아이를 잡으며 공부할 필요는 없다. 대신에 매일 하는 분량만 확인하면 된다. 주중에는 크게 어려움이 없다. 분량만큼 확인하고 수정하는 것만 되풀이하면 된다.

시간적 여유가 있는 주말은 좀 더 신경을 써야 한다. 주말에 나는 본격적으로 아이의 공부를 살폈다. 우선 교과서, 문제집, 아이의 공부계획까지 챙긴다.

초등학교 시험은 모든 과목을 하루에 본다. 중학교 때는 여러 날 나누어서 공부할 수 있지만, 초등학교 시험은 주말에 모든 과목을 복습해야 했다.

시험이란 것 자체가 낯선 아이들에게 시험공부 하는 방법을 알려주기 위해 나는 항상 기초부터 시작했다. 시험기간에 나는 아이들에게 꼭 교과서를 가져오게 한다. 요즘은 사물함에 두고 다니기 때문에 미리 확인해야 한다. 아이들은 공부한 내용이고 이미 문제집까지 풀었기 때문에 교과서를 다시 볼 생각은 하지 않는다. 그러나 선생님과 수업시간에 한 내용은 초·중·고 할 것 없이 중요하다. 대학에 가서도 수업에 충실해야 하는 것은 변함이 없다.

교과서를 훑어보면 대략 중요한 것이 보인다. 나는 아들에게 먼저 문제집의 문제를 읽어주고 답을 말하게 했다. 이미 풀어본 문제이지만 한 번 봤다고 모두 기억하지는 못한다. 이렇게 문제를 듣고 답을 말해야 할 때는 더 집중해야 했다. 눈으로 읽을 때와 다른 문제처럼 느껴지기 때문이다.

나는 특히 틀린 문제는 몇 번씩 확인했다. 전체 시험 범위까지 질문이 끝나면 그 과목은 일단 종료한다. 이렇게 하면 주말 동안 모든 과목을 충분히 공부할 수 있다. 나는 반복을 많이 시켰다. 예를 들어 아침에 한 시간 정도 총정리를 했다면 휴식 시간을 가진다. 그리고 오후에 다시 또 반복한다. 이 반복은 전체 과목을 말하며, 1시간이 될 수도 있고 2시간이 될 수도 있다. 이 정도면 되었다는 판단(질문과 동시에 답이 튀어나오는 순간)이 들 때까지 했다.

아들과 딸을 동시에 봐주어야 할 때는 힘들었다. 이때는 아들 공부가 끝내면 딸 공부를 확인하고 다시 아들 것을 봐주는 식으로 돌아가면서 확인했다. 두 아이의 시험준비를 동시에 할 때는 밤에도 계속 번갈아 가면서 공부했다.

그러나 이렇게 주말에 공부를 끝내두면 다음 주는 수월해진다. 왜? 이제 계속 복습이기 때문이다. 이때부터는 속도가 붙기 시작한다. 질문하면 대답 속도도 빨라진다. 목소리 또한 달라진다. 자신감이 묻어난다. 공부가 살짝 재미있다. 아는 것을 물어보니 어려울 것이 없고, 맞을 때마다 박수 치고 호들갑 떨어주니 할 만한 것이다. 사실 이쯤 되면 나도 재미있다. 가르치는 일이 힘들기만 하면 누가 하겠는가. 속 터지는 순간도 있지만 이렇게 보람이 찾아올 때가 있으니 계속할 수 있는 것이다.

엄마와 아이들의 환상의 호흡

재미를 느끼게 되면 아이들은 시간 가는 줄 모르고 집중한다. 처음 모를 때 대답하던 의기소침한 모습과는 판이하게 다르다. 복습을 거듭할수록 대답 속도는 빨라져 나중에는 문제 첫 줄만 듣고도 보기 없이 답을 말한다.

이때는 더 읽지 않아도 안다고 신호를 보낸다. 서로 환상의 호흡을 자랑하게 된다. 나는 마지막으로 요점정리 된 부분을 다시 질문한다. 총정리를 해보는 것이다. 문제화되지 않은 내용이 출제될 수도 있기 때문에 요점정리를 통해 확인하는 것이다. 문제집을 보면 비슷한 문제가 되풀이된다. 물론 중요해서 그렇겠지만, 시험에 꼭 그 문제만 나온다고 보장할 수 없다. 공부 잘하는 아이들은 중요하지 않은 문제도 공부한다. 교과서를 정독하거나 문제집의 요점정리만 보아도 전체적인 내용이 숙지되기 때문이다. 스스로 공부하는 아이로 키우려면 아이가 교과서 구석구석을 살펴보고 전체 맥락을 파악하게 해야 한다.

처음 시험공부를 할 때는 나 역시 어떻게 해줄까 하고 고민을 했다. 시험을 대신 쳐주거나 대신 공부해줄 수 없기 때문에 공부하는 방법을 가르쳐 주는 것이 중요하다고 생각했다. 그래서 같이 공부하기 시작했다. 아이들이 스스로 할 수 있을 때까지는 점검하고 함께해야겠다고 다짐했다.

공부 잘하는 아이로 키우고 싶다면 함께 공부하는 엄마가 되어야 한다. 아이도 하기 싫은 날이 있듯이 엄마인 나도 피곤해서 넘어가고 싶은 날이 있다. 그러나 하지 않으면 어떤 결과가 나올지 알기 때문에 퇴근 후나 주말에는 아이들 시험공부를 항상 최우선으로 했다.

내 공부는 아이들이 잠든 후에나 가능했다. 매일 많은 일을 하지만 매일 계획에 맞게 실천하면 여유가 생긴다. 여러 번 시험을 경험한 아들은 어느 날 "엄마, 문제집 한 권 더 사주세요"라고 했다.

"왜? 문제집이 마음에 안 들어?"

"아니요, 다 풀어서 풀 문제가 없어요."

그 당시 나는 복습하고 문제집 한 권만 봐도 된다고 말하고 싶었다. 그러나 아들의 열정을 무시할 수 없었다. 결국 다른 출판사 문제집을 또 샀다.

"엄마, 문제가 비슷해요. 풀어본 것이라 쉬워요."

"그래서 엄마가 한 권만 봐도 된다고 한 거야."

이 대화만 본다면 '무슨 아이가 그렇게 모범생이야' 할지도 모르겠다. 단언컨대 절대 아니다. 처음부터 공부 잘하고 시험공부한다고 문제집 두 권을 풀겠다고 하는 아이가 있을 리 없다. 내가 없는 시간도 쪼개서 아이와 공부하면서 하나씩 얻은 것들이다. 우리 아이들도 문제집 풀기 싫어서 대충 틀리게 풀기도 했다. 공부하다 집중하지 못해 혼나기도 수없이 했다. 질문하면 멍하니 있다 다시 묻기도 했고, 하기 싫으면 무작정 모른다고 별표를 하기도 했다. 그때마다 나는 당근과 채찍을 이용했다.

"이번 시험에는 무슨 내기를 할까? 뭐 갖고 싶은 것 없어?"

"너무 많아요. 우선 용돈 올려주세요."

"그래! 목표를 정해보자."

이렇게 아이들과 약속하면 아이들은 목표를 이루기 위해 노력하게 된다. 게으름을 피울 때는 야단을 치기도 하지만 대신 칭찬할 때는 아낌없이 한다. 칭찬할 때 포인트는 아이의 노력에 대한 박수여야 한다. 결과보다 과정에 대해 칭찬해야 아이는 결과가 나쁜 상황에서도 긍정적인 생각을 하게 된다. 그래서 우리는 머리 좋아 공부 잘한다고 절대로 말하지 않는다. "이게 다 네가 노력해서 나온 결과야. 잘했어. 대단해." 이 말이면 충분하다.

내가 아이들과 공부할 수 있었던 힘은 나도 공부하는 학생이었다는 것이다. 더 열심히 해서 좋은 성적을 받고 싶은 마음은 똑같다. 꿈이 교수였기 때문에 가르치는 것과 공부하는 것을 무시할 수 없었다. 교육에 몸을 담으려면 당연히 내 아이부터 잘 키워야 명분이 선다고 생각했다. 나는 내 공부뿐만 아이라 아이들 공부까지도 욕심을 냈다. 대신에 무조건 하라고 다그치기보다는 같이 하는 방법을 택했다.

시험공부는 초등학교 이후에는 해주고 싶어도 해주지 못한다. 실력도 부족하고 아이들도 원하지 않는다. 그러므로 초등학생일

때 마음껏 함께 해주자. 아이와 같이 공부하면 대화거리가 많아진다. 시험을 보고 온 날은 특히 많다. 나도 궁금하고 할 말이 많기는 마찬가지다.

"오늘 시험 어땠어?"

"엄마, 완전 쉬웠어요."

"네가 헷갈렸던 문제도 나왔어?"

"네, 당연히 정답입니다."

아이와 함께 공부했기 때문에 시험에 나올 문제도, 어려워하는 부분도 파악이 가능하다. 아이의 자신감으로 점수를 예측할 수 있다. 아이와 함께 공부하면 점수보다 아이의 마음을 먼저 읽게 된다. 공감하는 엄마가 되고 싶다면 아이와 함께 공부해야 한다.

바깥일하랴, 집안일 하랴 시간이 없다고 말하기 전에 내 아이의 공부가 먼저인지부터 확인하자. 공부가 먼저라면 시간은 만들어질 것이다. 아니 만들어낸다. 나도 워킹맘이다. 그것도 공부하는 워킹맘, 그렇다면 이제 핑계는 없다.

엄마가 아이와 함께하는 시간을 가지면 아이들이 공부를 대하는 태도가 달라진다. 드라마를 보면서 공부하라고 하는 엄마가 되어서는 안 된다. 매 순간 엄마가 함께한다면 모든 일에 긍정적인 아이가 된다. 믿기 어렵다면 당장 실행해보자.

05
공부량 기록 점검하기

    스터디 플래너를 아는가? 스터디 플래너는 학습계획을 스스로 세워 실천한 공부량을 기록하는 다이어리다. 공부도 계획적으로 해야 한다. 이제부터는 공부한 시간에 만족하지 말고 공부한 내용을 요약해서 적어보자. 생각하는 것과 말하는 것, 행동하는 것은 다르다. 내가 한 공부량을 직접 기록하는 스터디 플래너를 활용해보자. 시중에 판매하는 플래너를 구입해도 좋고 자신만의 플래너를 만들어도 좋다. 일단 매일 일기 쓰듯이 내가 한 공부를 모조리 기록한다는 기분으로 시작하면 된다.

    중1 딸은 매일 스터디 플래너를 기록한다. 날짜를 기록하고 하루 공부계획을 쓴다. 관련 키워드를 기록하고 예습과 복습한 내용을 적는다. 마지막으로 만족지수를 표시한다.

    다음은 어느 금요일 딸의 공부 기록이다.

도덕: 성과 사랑에 대하여, 수학: 순서쌍과 좌표, 과학: 나란하지 않은 힘, 사회: 선거에 대해서, 국어: 학습활동, 기술: 발명 아이디어

키워드: 민주 선거의 4대원칙 - 보통선거, 평등선거, 직접선거, 비밀 선거

복습: 역할 갈등 - 한 개인이 가진 지위로 말미암아 그에 따른 역할들 사이에 충돌이 일어나는 것.

만족지수는 본인이 평가해서 5단계 중 하나로 표시한다. 기분 좋은 날은 '특급 칭찬해' 스티커가 붙어 있다. '수고했어 오늘도', '꽃길만 걷자' 이런 깜찍한 스티커를 붙이기도 한다. 좋아하는 연예인 스티커도 붙이고 그림으로 표현하기도 한다.

스터디 플래너는 한눈에 일주일의 공부량을 볼 수 있고 스스로 공부한 분량을 체크할 수 있어 편리하다. 본인의 만족도가 떨어진 날은 그 원인도 파악할 수 있다. 키워드만 보더라도 그날 무슨 공부를 했는지 알 수 있다.

엄마인 내가 하는 일은 플래너를 보고 동기 부여를 하는 일이다. 아이의 만족지수가 높은 날은 칭찬해주고, 기분이 별로인 날은 이유를 물어본다. 플래너의 역할은 공부하게 하는 것이 아니라 계획에서 실천까지의 과정에 문제는 없는지 고민하게 하는 것이다. 플래너를 통해 아이가 요청할 일이 있다면 엄마는 도와주고, 아이에게 힘든 일이 있다면 엄마는 격려해줄 수 있다. 사람은

열정이 넘치다가도 금방 의욕이 떨어진다. 자신감도 높았다가 어느 순간 내리막을 보인다. 아이의 이런 감정기복을 엄마가 알아차리고 대응해주면 아이는 다시 공부할 힘을 얻는다.

딸의 스터디 플래너

우리의 기억에는 한계가 있으므로 공부한 기록을 남겨두면 나중에 시험공부를 할 때도 도움이 된다. 부족한 부분과 보충할 과목이 한눈에 보이기 때문이다. 이런 기록은 공부에 또 다른 동기 부여가 된다. 시험점수도 큰 행복감을 주지만, 내가 매일 노력한 것들을 눈으로 확인하는 순간 더 공부하고 싶어지는 것이다.

공부하기도 바쁜데 귀찮게 기록까지 하라고 하면 싫다고 할 사람도 많을 것이다. 공부법이 모든 사람에게 동일하게 적용될 수는 없지만 성공한 사례를 보고 적용해볼 필요는 있다. 공신들은 스터디 플래너를 통해 실력을 향상시킨다. 크게 돈이 드는 일도 아니다. 한 번쯤 따라 해보고 확신이 든다면 내 것으로, 나만의 방법으로 습관화하면 된다.

우리의 기억이 매일 일어난 일을 모조리 기억한다면 어떨까? 좋은 일도 나쁜 일도 잊어버리지 않는다면 어떤 일이 일어날까?

머릿속이 복잡해서 정리가 힘들 것이다. 우리의 뇌는 마치 이런 것을 염려해주는 것처럼 하루, 아니 몇 시간만 지나도 대부분 기억을 잊어버린다. 마치 '망각의 약'이라도 먹은 것처럼 자연스럽게 잊고 또 다른 하루를 맞이한다. 물론 그중에 꼭 기억해야 할 일들은 '장기기억 저장소'에 저장한다. 뇌는 이렇게 나쁜 일은 빨리 잊기를 바라고 행복한 기억은 오래도록 간직하기를 바란다.

공부도 이와 다르지 않다. 우리가 하는 공부가 모두 기억에 저장된다면 공부를 수월하게 할 것이다. 그러나 실상은 어떤가? 돌아서면 잊어버린다. 특히 나이들어서 공부하면 더 힘들다. 잊어버리고 기억을 못 하는 것은 머리가 나빠서가 아니고 정상이다. 같은 공부를 해도 더 오래 기억하는 것은 나보다 많이 반복 학습한 결과라고 생각하면 된다. 천재도 아니고 한 번 공부해서 만점을 받을 수 있다면 누가 공부에 도전하지 않겠는가. 공부하기 싫고, 공부하면 잊어버리는 것은 모두가 똑같다. 차이는 노력일 뿐이다. 계속 반복학습을 하면 뇌는 중요한 것으로 인식하여 장기기억 저장소로 보낸다. 오랜 시간 기억할 수 있는 것은 장기기억 저장소에 저장하고 있기 때문이다.

학창시절 다들 유행하는 노래 한 곡쯤은 외운 기억이 있을 것이다. 처음 외우기를 시도할 때 한 번 듣고 가능했을까? 아닐 것이다. 수도 없이 반복해서 듣고 따라 부르고 가사를 적었을 것이다. 숙제를 하라고 하면 당연히 재미없고 하기가 싫다. 그러나 내가 좋아하는 노래라면 상황은 달라진다. 시키지 않아도 수없이 반복해서 완벽하게 외운다. 이렇게 외운 노래를 지금도 기억할 것이다. 우리의 뇌는 이처럼 수없이 반복하면 중요하다고 인식하여 장기기억으로 저장한다.

그렇다면 답은 나왔다. 공부를 잘하려면 장기기억을 활용하면 된다. 수업을 듣기 전에 먼저 예습하고, 수업을 듣고 난 후에는 복습을 통한 무한반복이 중요하다. 이때 장기기억에 도움이 되고 활용할 수 있는 스터디 플래너를 사용하면 된다. 머릿속에서만 그리지 말고 실제 공부분량을 기록하여 시각화하면 더 빨리 원하는 목표를 달성할 수 있다.

반드시 단기목표와 장기목표로 구분하기

우리 아들의 단기목표는 당연히 현재 주어진 시험을 잘 보는 것이었다. 장기목표가 외고 진학으로 결정되면서는 더욱 영어에 주력했다. 학원에서는 진도를 더 빠르게 뺐고 영어 문제풀이, 듣기, 문법, 단어, 독해를 반복했다. 매일 하루에 60개의 영단어를 계속 자판으로 두드리면서 연습했다. 그날 외운 단어는 다음 날 또 복습했다. 영어의 장기목표는 중학교 때 고3 영어까지 마친다는 것이었다. 그리고 고등학교에 진학해서는 수학에 더 시간을 투자하겠다는 계획을 세웠다. 영어에 비해 수학 선행은 빠르지 못했다. 그래서 방학 때는 수학 선행에 집중하기로 했다.

"강민아, 너는 영어는 고3 수준이야. 그런데 수학은 과외받거나 선행으로 이미 몇 번 공부하고 오는 친구들이 많을 거야."

"그럼 나중에 과외를 해야 하나요?"

"외고에 가면 과외받을 시간이 없을 거야. 기본적인 개념정리는 되어 있으니 이제부터는 시간 투자야. 수학에 시간을 더 투자하면 충분히 잘할 수 있을 거야."

아들은 프로파일러가 되기 위해 경찰대 진학을 목표로 하고 있다. 그러기 위해서는 수학을 더 열심히 해야 할 것이다. 이처럼 플래너는 하루 공부에서 시작하는 것 같지만, 결국 꿈과 연결된 큰 그림을 그리는 계획이다.

대입을 준비하는 수험생인 경우라면 장기계획이 필요하다. 자신의 상황에 맞게 스터디 플래너를 활용하면 된다. 사람은 살다 보면 예기치 못한 순간들을 만난다. 공부하는 아이들에게도 개인적인 문제가 발생한다. 그러니 너무 빡빡하게 일정을 짜면 곤란하다. 너무 과하게 계획해서 이루지 못하면 성취감이 떨어지고 자존감도 떨어진다. 자기에게 맞는 적당한 분량으로 일정 조정이 필요하다.

아이들이 배우는 교과목은 너무나 많다. 그런데 공부는 중요한 과목만 하는 것이 아니다. 시험기간에는 예체능도 시험을 본다.

암기과목도 만만치 않아 스트레스가 쌓인다. 그래서 더욱 과목별로 시기에 맞는 균형 있는 계획이 필요하다. 적당한 휴식 시간도 반드시 있어야 한다.

마지막으로 제일 중요한 것은 계획을 실천하는 것이다. 아무리 좋고 알찬 계획도 실천하지 못하면 아무 소용이 없다. 계획 짜는 데 너무 많은 에너지를 소모하지 말자. 공부에 대해서는 스스로 경험하고 깨닫게 해야 한다. 계획이라는 것을 세우게 되면 달성하는 기쁨을 느낄 수도 있지만 때로는 달성하지 못해 좌절할 수도 있다. 그러나 두 과정 모두 경험이 중요하다. 달성하지 못한 과정에서는 나름의 실패 원인을 분석할 수 있다. 성공은 더 높은 목표를 세울 수 있는 원동력이 된다. 그래서 생생한 자기 경험이 중요하다.

오늘부터 도전해보자. 스터디 플래너를 잘 활용할 수 있는 단계에 이르면 스스로 계획을 짜고 실천하는 학생이 된다. 공부 분량을 기록하는 스터디 플래너에 익숙하다면 자기주도학습자임이 틀림없다.

4장

과외 없이 특목고 보내는
단계별·과목별 교육로드맵

01
초등학교 입학 전에 시작해야 할 것들

공부에 있어 조기교육은 늘 논란이 된다. 공부를 언제 시작하고 어떻게 해야 하는지에 대해서는 정답이 없다. 부모의 판단만 있을 뿐이다. 미취학 아이일 경우는 공부와 거리가 멀다고 생각할 수 있다. 책이라도 보여주려 하면 "어린애가 뭘 안다고? 지금은 놀아도 된다"고 어르신들은 부모를 꾸짖는다. 예전 부모님 세대를 생각하면 맞는 말씀이다. 밖에서 흙장난하고 온종일 뛰어노는 것이 아이들의 일이다. 그러나 요즘 아이들은 태어나는 순간부터, 아니 태아 때부터 태교를 시작으로 교육에 노출된다.

아이가 성장하는 환경에 따라 교육은 차이가 난다. 성장하는 것도, 교육의 수준도 부모의 영향을 받는다. 그러나 다른 아이보다 잘 키우고 싶고 하나라도 더 해주고 싶은 부모의 마음은 똑같다. 지나고 보면 우유병 물고 기저귀 찰 때가 오히려 편한 시기다. 기어 다니고 걷기 시작하면 엄마는 바빠진다. 챙길 것도 많고 아이가 사고 치는 것도 많아진다. 책이라도 읽어주려고 하면 보통 힘든 것이 아니다. 동생이 있는 경우는 더하다. 이렇게 아이가 성장할수록 엄마는 교육에 대한 고민을 시작한다. 미취학 아이에게 어느 정도의 교육이 적합한지 책도 보고 나름 선배의 경험도 들어보지만 실전에서는 여전히 헷갈리고 답답하다. 나와 비슷한 듯 보이지만 아이를 키우는 환경은 다르기 때문이다.

나는 3살 터울의 아들과 딸을 키운다. 한 명일 때는 집안일이나 다른 일도 큰 문제가 없었다. 그러나 둘째가 생기자 할 일은 배로 늘어나고 공부도 어떻게 시켜야 하나 고민이 시작됐다.

결론부터 말하자면 미취학 아이는 공부를 할 준비를 하는 단계라고 정의하고 싶다. 본격적인 공부에 앞서 연습하는 시기다. 책을 볼 수 있는 환경, 책을 보는 재미만 경험해도 충분하다. 물론 그것도 어렵다. 엄마의 노력이 필요하다. 초등학교 입학에 대비하여 내가 실천한 것은 다음 네 가지이다.

첫째, 독서

취학 전에는 아직 한글을 배우는 과정이라 스스로 독서하기 어려운 상태이다. 빠른 아이들은 이미 천재성을 보이기도 한다는 데 우리 아들의 경우 지극히 평범했다. 온종일 책만 읽는다는 천재적인 아이들과 달리 우리 아이들은 책보다 장난감을 좋아했다. 이건 나의 잘못도 한몫했다. 워킹맘들은 많이 놀아주지 못해 사달라는 장난감을 많이 선물하게 된다. 퇴근 후면 집안일도 해야 하니 아이를 붙잡고 책을 읽어주기란 쉽지 않았다.

그러나 엄마가 아무리 바쁘더라도 아이와 책을 보거나 놀아주는 시간을 정해서 꼭 실천해야 한다. 집안일은 아이가 자는 시간에 해도 괜찮다. 청소, 설거지를 당장 하지 않는다고 큰일나지 않는다. 모든 것을 잘하려고 하지 말고 우선순위가 아이라면 아이를 챙기는 것부터 먼저 해야 한다. 독서는 아이와 책을 보며 놀아주는 일이다. 책을 읽어주며 같이 그림을 보고 웃으면 된다. 가끔 "이건 뭐야?" 질문도 하고 아이가 좋아하는 분야의 책을 준비하면 더 좋다.

둘째, 한글 공부와 숫자 공부

요즘은 전업맘이든 워킹맘이든 할 것 없이 아이들을 이른 시기에 어린이집에 보내는 추세다. 이런 교육기관에서는 아이들에게 한글과 숫자 공부를 지도할 뿐 아니라 미술, 영어 등 다양한 활동을 한다. 경제적으로 부담될 수도 있지만 사회성을 길러주기 위해서는 단체생활도 필요하다. 내 경우도 둘째가 태어나 육아에 어려움이 있자 아들은 4살부터 어린이집에 다녔다. 아들은 어린이집에 잘 적응했고 유치원에 갈 무렵부터는 학습지를 했다. 교육기관에서 배우기는 하지만 무언가 부족한 느낌이 들었다. 아마 이 기분은 엄마가 일을 해서 아이의 공부를 온전히 봐주지 못하는 불안 때문일 것이다. 나 역시 한다고 하지만 무언가 부족하지 않나 하는 생각이 있었다.

처음 학습지(국어) 선생님이 오셨을 때 아이는 장난치기 바빴다. 선생님의 관심이 온통 자기에게 쏠려 기분이 좋았던 것이다. 무조건 엄마가 다해야 한다는 것은 잘못된 생각이다. 아이들은 여러 환경을 경험해야 한다. 선생님과 공부하고 칭찬받는 기분은 엄마와 하는 공부에서 경험하는 것과 다르다. 이때 나는 아이가 학습지 숙제를 하는 것을 지켜보았다.

내가 학습지 수업을 유심히 지켜본 이유는 아이의 반응도 궁금했지만 선생님이 아이를 지도하는 방법을 참고하기 위해서였다. 지금은 강의를 하지만 그때는 학생들 앞에서 수업하지 않았기 때문에 내 아이부터 잘 가르치려면 교육하는 방법을 배워야 할 것 같았다. 이때 선생님의 모습을 보고 배우고 느낀 것들이 이후에 아이와 공부하는 데 도움이 되었다.

또, 한글과 숫자에 익숙해지게 하기 위해 나도 다른 집처럼 낱말카드를 벽에 붙였다. 아이들이 있는 집에는 문이나 벽에 하나씩 붙어 있는 한글과 숫자 브로마이드가 우리 집에도 있었다. 그리고 바닥에는 퍼즐로 된 매트를 깔았다. 아이들은 한글이나 숫자를 빼고 끼우며 가끔은 손상했지만 그러면서 익히게 되었다. 기분이 좋으면 벽이 노트가 되어 숫자와 한글 낙서로 도배가 되었다. 우리 아이들은 이런 과정을 거치며 한글과 숫자를 학습했다. 부모이름 한번 써주면 감동받고 칭찬은 덤으로 했다. 그렇게 조금씩 연필 잡는 힘도 길러갔다.

셋째, 일기 쓰기

미취학 아이가 한글을 안다고 해서 바로 일기 쓰기가 되지는 않는다. 아직 한글을 조합해서 문장으로 만들기는 어렵다. 그래서 시작하는 것이 그림일기다. 오늘 있었던 일 중 그리고 싶은 일을 그리고 색깔을 칠한다. 엄마가 옆에서 "무슨 그림이야?" 하고 물어보면 아이가 이런저런 설명을 덧붙인다. 아이들이 대부분 쓰는 문장은 '오늘은 무슨 날입니다. 참 재미있었습니다. 기분이 좋습니다' 이런 수준이다. 띄어쓰기, 맞춤법 모두 엉망이다.

완벽할 수 없다면 고치는 수밖에 없다.

"서연아! 여기 잘못 쓴 글자가 있어."

"어디요? 다 맞는데요."

딸은 다 맞게 했다고 우기고 싶어 한다.

"틀린 부분을 찾아서 고쳐보자."

잘 달래서 틀린 부분을 찾게 한다. 그러나 맞게 고쳐오면 다행이지만 찾지 못할 때도 있다. 같은 글자인데 쓰임이 다르면 아직 아이에게는 어렵다. 그러면 예를 들어 설명해준다.

"먹는 밤도 밤이라고 해. 시골 외가에서 봤지? 그리고 사람은 밤이 되면 뭘 하지?"

"잠을 자요."

"그것도 밤이지. 같은 글자인데 이렇게 다르게 쓰인단다. 이건 학교에 가면 다시 배우게 될 거야."

시작은 이렇게 짧게 자신의 기분이나 날씨 등을 표현하는 정도면 된다. 좀 더 발전되면 문장이 자연스럽게 길어진다. 처음이라면 그림에 재미를 붙이게 하고 글씨는 조금만 지도해야 계속할 수 있다.

나중에 초등학교에 입학하면 일기 쓰기는 자연적으로 될 것을 왜 미리 고생하며 하는지 의문이 들 것이다. 일기 쓰기를 빨리 시작하는 것은 글을 쓰는 습관을 들이기 위해서다. 무엇이든 매일 하는 일에는 노력이 필요하다. 부모가 매일 확인하고 같이 하는 습관을 들인다면 가능하다. 아이가 잘할 수 있게 칭찬은 기본이다. 나는 일기장을 검사하고 난 후에는 하트를 그려준다. 아이들은 이런 사소한 것도 엄마와 함께하면 좋아한다.

넷째, 한자 공부

한자 공부는 8급 기탄 책으로 시작했다. 한글을 익힌 후부터 시작했는데 점선을 따라 하루 한 글자씩 그리는 연습을 했다. 우리 집의 원칙은 아이들이 공부한 것을 매일 확인하는 것이다. 저녁을 먹고 7시 반이 되면 어김없이 거실에 큰 상을 놓는다. 그리고 아이들에게 하루 공부를 가져오게 한다. 하루 공부는 한자, 수학, 국어를 한 장씩 하는 것이다. 한자는 하루 한 글자씩 쓰게 했다. 이렇게 시작된 한자공부는 8급 시험에 도전하는 계기가 되었다.

어린이 한자 책은 그림이나 만화로 되어 있어 아이들이 호기심을 보인다. 글자를 따라 쓴다고 해서 글자 수가 많은 것은 아니다. 그러니 아이들에게 하루 한 장 정도는 많은 분량이 아니다. 한자 공부를 하면 재미있는 일이 많다. 아이들은 간판이나 물건에서 아는 글자가 보이면 바로 아는 척을 한다.

"엄마, 저건 민(民)자예요."

"무슨 민(民)인데?"

"내 이름에 들어가는 백성 민(民)이요. 저건 큰외삼촌 이름에 있는 나라 국(國)이에요."

"맞아, 공부 열심히 했네."

그 외에도 달력의 월, 화, 수 목, 금, 토, 일을 보면 큰소리로 외쳤다. 이럴 때는 모른 척하고 아이에게 물어봐 주면 된다. 잘한다고 칭찬해주면 더 말할 것이 없는지 찾기 바쁘다. 한자 공부 역시 공부습관을 잡기 위해서 시작한 것이었다.

아이들은 질문을 많이 한다.

"엄마, 이건 뭐예요?"

"또 쓸데없는 것 물어본다. 밥이나 먹어. 넌 아직 몰라도 돼."

아마 이렇게 답한 적이 있을 것이다. 답하기 곤란한 질문일 수도 있고 정말 몰라서일 수도 있을 것이다. 내 경험상 호기심이 공부의 시작이다. 당신의 아이가 자주 귀찮을 정도로 물어본다면 분명 똑똑한 아이가 될 것이다. 그러니 열심히 대답해주어야 한다.

미취학 아동이 공부하는 분량은 많을 필요가 없다. 습관이 생길 만큼 매일 공부하는 재미를 경험하면 충분하다.

02 초등 저학년 교과목, 이렇게 시작하라

✍ 영어: 서툴러도 영어를 생활 속으로

초등학교 3학년부터 정규교육 과정으로 영어를 배우기 시작한 아들은 2학년 겨울방학 때부터 영어학원에 다니기 시작했다. 다른 아이들보다 빠른 선행을 하지는 않았다. 학교 영어는 기초부터 시작하는 단계라 어렵지 않아서 이 시기에는 영어에 관심을 가지게 해주는 것이 중요하다고 판단했다. 유치원에서부터 영어를 시작하는 부모들도 많지만 우리는 우리 방식을 고집했다. 집에서는 학원의 숙제를 확인해주는 정도로만 했다.

"오늘은 학원에서 뭐 배웠어?" 내가 매일 하는 말이다. 물론 "숙제했어?" 이것부터 묻고 싶다. 그러면 아이들은 기분이 별로다. 그러나 뭘 배웠는지 물어보면 아이들은 할 말이 많다. 학원에서 일어난 일부터 시작해서 수업시간에 일어난 특별한 사건들을 보고하기 바쁘다.

"오늘 친구가 숙제 안 해서 선생님께 혼났어요. 학원에서 영어 듣기 테스트를 했는데 다 맞았어요." 이렇게 자기가 잘한 일만 두드러지게 말한다. 칭찬받을 거리만 찾는 것이다.

그걸 알면서도 나는 "진짜? 우리 아들 역시 잘했네, 최고!" 하고 잔뜩 칭찬해준다. 그러면 아들은 입꼬리가 올라가고 어깨가 쫙 펴진다. 스스로 영어를 잘한다고 인식하게 된다. 영어는 자신감 아닌가. 최대한 기를 살려주어야 한다.

일상에서 평소 자주 하는 영어단어 맞추기 게임도 도움이 된다. 예를 들어 아빠는 밥 먹다 반찬에 들어간 재료를 보고 "당근이 영어로 뭐지? 양파는 뭐지?" 이런 식으로 물어본다.

"Onion, carrot."

아는 것은 즉시 하늘을 찌를 듯 큰 소리로 대답한다. 기억에 없거나 아예 모를 때는 실망감이 크다. "그것도 몰라? 배우고도 기억 못하지" 이렇게 말하고 싶어도 참아야 한다. 그럼 다시 아이가 답을 유추해낼 수 있게 다른 방법으로 질문한다.

"말 나온 김에 우리 채소 종류를 알아보자. 시금치는 뭐라고 할까?"

"그건 잘 모르겠어요."

"반찬으로 먹어도 사용을 안 하면 잊어버릴 수 있어. 뽀빠이가 좋아하는 시금치는 spinach. 마늘은?"

"Garlic, 이건 마트에서 봤어요."

"그럼 이런 종류를 채소라고 하는데 채소는 영어로 뭘까?"

"Vegetable."

"그와 관련된 유기농은?"

"Organic."

"마지막으로 이런 채소 위주로 먹는 사람을 뭐라고 할까?"

"음, Vegetarian인가요?"

"맞아. Vegetarian(베지테리언)은 발음이 좀 어렵지?"

이렇게 한번에 여러 단어를 서로 주고받아 본다. 학원과 학교에서 하는 것과 달리 실제로 일상에서 쓰이는 단어와 연결하면 낯선 단어들도 기억에 남는다. 다음 기회에 다시 물어보면 아이들은 기억하고 있다고 소리친다.

혹시 모르는 단어라면 "이건 나도 모르겠는데, 같이 검색해보자" 하고는 즉시 알아본다. 이렇게 해서 알아낸 단어는 쉽게 잊어버리지 않는다. 가끔 부모도 모르는 것을 아이가 알고 있다고 생각하면 얼마나 즐거운지 모른다. 일상에서 접하는 것들을 공부에 접목해주면 아이들은 책으로 외우는 것보다 흥미를 보인다. 궁금증이 생기면 찾아보기도 한다. 이것이 스스로 하는 공부이다. 시험을 보기 위해 외운 것은 그때뿐, 금세 잊힌다. 필요성을 느껴서 하는 공부는 다를 수밖에 없다.

초등 저학년 영어는 아이가 영어에 흥미를 가질 수 있게 동기 부여를 해주는 것이 제일 좋은 공부방법이다. 고학년이 되었을 때 목표가 생기면 그때는 부모의 간섭이 없어도 스스로 하게 된다. 우리 아들은 학원과 학교에서 공부하는 것만으로도 자신감이 넘쳤다. 자신감이란 무기는 가정에서 부모가 충분히 만들어줄 수 있다. 초등 영어는 자신감이 전부다.

🔊 국어: 국어 공부의 기본은 역시 독서

어릴 때 독서를 많이 한 아이들은 다방면에서 두각을 드러낸다. 우리 아이들은 많은 독서량을 자랑하지는 못하지만 책을 보는 습관은 잘 든 것 같다. 국어책은 다른 책들과는 달리 지문이 많지만, 초등 저학년의 경우는 감당하지 못할 정도는 아니다. 그렇지만 책을 보는 습관이 없다면 힘들 수 있다.

책은 읽기만 한다고 되는 것이 아니다. 책을 읽고 내용을 파악해야 한다. 이때부터 나는 아이들에게 책을 읽으면 그냥 덮지 않고 독서감상문을 쓰게 했다.

책을 한 권 읽는 것은 상당한 집중력을 요구한다. 그래서 처음에는 소리 내어 읽어보게 했다. 내용을 생각하고 읽는지 알아보기 위해 내용을 물어보기도 했다.

"이 책을 읽고 나니 무슨 생각이 들어?"

"책 주인공들이 너무 불쌍해요. 그런데 다시 왕자님을 만나고 행복해져요."

"그래, 그런 네 마음을 글로 쓰면 그게 감상문이야. 주인공에게 편지를 써도 되고."

매번 읽은 책을 다 쓰지는 못해도 이런 과제를 주면 아이들은 책에 대해 생각하게 된다. 가끔은 부담이 될 것아 일기장에 책 읽은 것을 쓰게 했다. 당연히 긴 내용의 감동적인 글을 기대하면 안 된다. 일기처럼 짧게 쓰더라도 아이가 감정을 표현한 것이므로 칭찬해야 한다.

초등학생 때부터 복잡한 책을 읽힐 필요는 없다. 나는 집에서 삼국유사, 삼국사기, 전래동화 등 보통의 엄마들이 구매하는 일반적인 책들을 읽혔다. 때때로 도서관을 이용하면서 자극을 주었다.

독서감상문은 처음엔 일기 쓰기 못지않게 힘들다. 줄거리를 파악하고 그것을 글로 옮기고 생각과 느낌 등을 적는 것이 아이들에게는 어려울 수 있다. 그러나 빨리 시작하고 많이 할수록 고학년의 공부가 수월해지는 것은 사실이다. 처음에는 일기를 쓴 것처럼 그냥 책을 읽고 난 느낌을 짧게 표현하면 된다. 일기 쓰기를 할 때 그림일기에서 시작했듯이 처음은 그림일기 수준이다. 점차 발전되면 책의 내용도 들어가게 된다. 그러다가 결국 자기 생각을 말로 표현하는 능력이 향상된다.

어려서부터 독서기록장을 쓰는 훈련이 공부의 기본이 된다.

학교에서도 독서기록장을 쓰게 한다. 평소 읽은 책을 짧게라도 기록하면 국어 공부와 사고력을 자라게 하는 영양분이 된다. 우리 아이들도 처음 시작은 그림일기 수준이었지만, 시간이 지나자 학교에서 배운 마인드맵을 활용할 정도가 되었다. 그런데 처음부터 마인드맵을 알려주고 글을 쓰라고 하면 어떻겠는가? 너무 어려워 시도하기도 싫을 것이다.

초등 1학년에 국어공부라고 하면 받아쓰기가 대표적이다. 받아쓰기 할 문제는 선생님께서 프린트해서 미리 주시기 때문에 연습이 가능하다. 요즘 아이들은 대부분 한글을 익히고 입학하기 때문에 학교에서는 테스트하는 수준이다. 나 역시도 받아쓰기 테스트가 있는 날이면 전날 아이와 연습을 했다. 100점이 뭐라고, 아이는 90점을 받으면 화를 냈다. 정작 나는 아무 꾸지람도 안 하는

데 스스로 화가 나는 것이다. 특히 아들은 점수에 민감했다. 그래서 더욱 실수하지 않으려고 연습하고 실전에 임했다.

우리 아이의 국어공부는 독서, 일기 쓰기, 하루 한 장 공부였다. 미취학부터 시작한 기탄국어는 하루 한 장 공부로 계속했다. 국어는 특히 책을 많이 읽은 학생에게 유리하다. 많은 책을 접하게 하고 독서기록장을 활용하여 짧게라도 자기 생각을 덧붙이기까지 하면 더욱 좋다. 우리는 매일 하는 한 장 공부로 교과서 지문을 예습했다. 본문의 내용이 파악된 상태에서 수업을 들으면 선생님의 말씀에 더 잘 집중할 수 있기 때문이다.

🖙 수학: 반복훈련으로 기초부터 튼튼히

'수학' 하면 학창시절에 외우던 구구단이 생각난다. 그때는 왜 그렇게 어려웠는지 생각해보니 외우려고만 해서 그랬던 것 같다. 처음 구구단을 배우는 우리 아이들도 그렇지 않을까? 그래서 나는 아들의 구구단 외우기에 특별히 심혈을 기울였다.

하루에 한 단씩 제대로 해보자고 다짐했다. 2단부터 2×1=2, 2×2=4로 시작해서 2×9=18까지 하면 된다. 이미 외운 사람들은 저절로 튀어나오지만, 아이들에게는 어렵다. 그럼 노래하듯이 외우라고 하면 끝인가? 그렇게 억지로 외우고 나면 꼭 중간에 막

한다.

그래서 우선 2×2=4가 되는 원리를 설명했다. 혹시 외우다가 막혔다면 2+2=4라는 것을 떠올릴 수 있게 했다. 그리고 다음 날 저녁시간에 테스트를 해본다. 2단은 쉽게 통과한다. "그럼 거꾸로 외워볼래?"라고 제안했다. 쉽지 않다. 이렇게 거꾸로까지 잘하게 되면 '2단 통과' 박수를 쳐준다.

다음 날 3단을 외우는 방법도 같다. 다른 점이 있다면 전날 한 2단을 또 시키는 것이다. 2단 복습을 시키면 아이는 한숨을 쉰다. 혹시 잘못 외우면 처음부터 다시 하기 때문에 실수할까 봐 걱정이 되는 것이다. 그럴 때는 "어렵게 배워야 기억에 남는 거야"라고 말해줬다. 옆에서 동생은 신기한 눈으로 바라봤다.

중간에 막힐 때도 많았다. 그럼 더하기 기법으로 생각하게 했다. "기초가 튼튼해야 한다"를 외치며 마지막 9단에 도전했다. 여러 번 거꾸로 하기에서 멈추고 다시 하기를 반복했다. 그렇게 테스트를 통과했다. 요즘은 18단까지 암기한다고 하지만, 기본에 충실하면 걱정 없다. 이제 실전문제에 대입해주면 확실히 이해한다.

우리는 하루 한 장 수학공부 역시 미취학 때부터 기탄수학으로 했다. 아이들 공부를 채점해보면 문제점이 보이는데, 대부분 무엇을 묻는 것인지 문제를 파악하지 못해 틀린다. 수학에 더하기 곱하기 문제가 나오면 아이들은 문제를 자세히 읽지 않는다. 그러면 나는 연필을 들고 줄을 그으며 소리 내서 읽어보게 했다. 문제를 풀기 전에는 무슨 문제인지를 아이에게 물어봤다. 요즘 수학 문제들은 12+15를 묻는 수준이 아니다. 문제에서 왜 더하기를 하고 빼기를 해야 하는지 파악이 되어야 한다. 단순한 사칙연산을 하는 공부는 점점 줄어들고 있다.

수학은 틀리면 당연히 다시 풀게 했다. 그리고 비슷한 유형의 문제를 만들어 풀게 했다. 몇 문제만 풀어봐도 왜 틀렸는지 스스로 이해하게 된다. 초등 저학년의 수학공부는 앞으로 어려운 수학을 포기하지 않게 기초를 튼튼히 하는 것이다. 정답만 알려주는 공부보다 아이가 생각할 수 있는 부분을 남겨주는 공부가 필요하다.

🖻 사회: 보고 듣고 느끼는 모든 것이 공부다

초등 사회는 그나마 어렵지 않다. 그러나 초등학년 때 확실히 기초 상식을 다져야 중학교 공부가 수월해진다. 사회 교과서를 보면 시장조사, 설문하기, 지역경제, 농산물 등 우리의 일상생활에 관한 지식을 요구한다. 하지만 아이들은 어른처럼 장을 보는 것도 아니고 뉴스나 신문을 매일 보는 것도 아니므로 사회라는 과목 자체를 매우 막연하게 느낀다. 아직 관심도 없는 정치, 사회적인 문제가 언급되는 것이다. 사회과 부도를 시작으로 복잡한 지도도 등장한다. 아이들에게는 부담일 수 있지만 등고선, 기후 이런 내용은 중학교 사회 공부의 기반이 되므로 소홀히 해서는 안 된다. 사회의 기본 개념은 다른 과목과도 연계성을 가진다. 배움에 있어 중요하지 않은 과목이란 없는 것이다.

 사회 과목은 일반적인 상식을 많이 아는 것이 유리하다. 그렇다고 아이가 모든 것을 직접 경험하기는 힘들다. 그러나 우리에게는 책이 있다. 책을 통한 간접경험으로도 충분하다. 집에서 퀴즈 프로그램을 보는 것도 좋은 방법이다. 또 요즘은 다양한 체험학습의 기회가 많다. 어린이집에 다닐 때부터 체험학습이 시작된다. 소풍, 여행, 마트에 가는 것도 체험학습이다. 그래서 부모와 함께 여행을 많이 다니는 아이가 유리할 수 있다. 이때 부모는 같이 보고 느끼면서 배경지식을 얹어주면 된다.

 나는 친정이 시골이라 외가에 가면 아이들은 많은 체험을 할 수 있었다. 친정에 갈 때면 가끔씩 근처에 있는 문익점 면화 시배지, 남사예담촌, 성철스님 생가터(겁외사), 동의보감촌 등에 들렀다. 논개의 충절이 담긴 촉석루도 가는 길에 만날 수 있다. 물론 이런 곳에서 역사를 엿볼 수도 있지만, 그보다 더 좋은 경험은 농사짓고 생활하는 시골의 모습을 실제로 보는 것이다. 예를 들어 모내기를 하는 모습, 벼를 수확하는 모습, 딸기 하우스에서 딸기가 열리는 과정을 직접 볼 수 있는 것 등이 좋은 점이다. 여름이면 강가에서 다슬기를 잡고 물놀이를 할 수 있는 곳이라 아이들은 갈 때마다 새로운 경험을 했다. 아이들과 교과서를 보다 보면 이런 경험을 떠올리며 이야기할 수 있는 것들이 꽤 있었다. 어떤 체험을 하든 공부에 도움이 될 수 있다는 것을 부모가 먼저 알고 이를 잘 활용해야 한다.

마지막으로 사회는 교과서의 표나 지도에 주목해야 한다. 시험 문제는 꼭 그래프나 지도를 제시한 문제로 출제된다. 중학교에 가서 사회를 어려워하는 이유는 바로 이런 문제 형식에 익숙하지 않기 때문이다. 초등 때부터 교과를 꼼꼼히 체크하고 배경지식을 쌓아둔다면 논술까지 잡는 실력으로 발전할 것이다.

🖨 과학: 햄스터, 금붕어 키우기도 공부다

초등학교 과학은 실험이 많다. 학교에서 씨앗 심고 관찰하기, 양파나 고구마를 물에 담아 관찰하기, 이건 누구나 경험한다. 그리고 관찰일지를 쓴다. 과학의 시작은 호기심인 것 같다. 어릴 적 한 번쯤 학교 앞에서 파는 병아리를 산 기억이 있을 것이다. 우리 아들도 하루는 한 마리에 500원을 주고 병아리 두 마리를 사왔다. 아파트에서 어떻게 키우나 걱정했지만 일단 키워보기로 했다. 어른들은 얼마 지나지 않아 병아리가 죽을 것이라고 생각하지만, 아이들은 이 병아리가 달걀까지 낳아줄 것이라 생각한다.

베란다에 박스를 하나 마련했다. 시간이 지나자 냄새도 나고 병아리는 날아오르고 난리가 났다. 나중에는 스트레스를 받았는지 털도 빠지고 병아리는 결국 죽고 말았다. 나는 아이와 함께 병아리를 묻어주었다.

병아리 사건으로 끝나지 않았다. "엄마, 이번에는 햄스터를 키우면 안 될까요?" 나는 징그러워서 싫다고 했지만 결국 이기지 못하고 햄스터 집을 마련했다. "엄마, 청소는 우리가 할게요." 아들은 한동안 신 나게 잘하더니 그것도 결국 다른 집에 입양 보냈다. 그 뒤로도 금붕어, 고양이 키우기까지 다양한 경험이 계속되었다.

아이들은 이 과정에서 무언가를 하기 위해서는 자기가 책임져야 할 부분이 있다는 것을 깨달았다. 물론 열심히 돌보아도 살아남지 못하는 어쩔 수 없는 경우도 있다는 것을 몸소 느꼈다. 아이가 호기심을 보이면 경험하게 해야 한다. 대신 감당할 수 있는 만큼의 책임감을 심어주어야 한다.

병아리가 죽고 아들은 외가에서 닭을 보았다. 닭장에서 크는 닭은 달걀까지 낳는 것을 보고 아들은 신기해했다. 실험이든 일상생활의 관찰이든, 과학 공부는 그 목적을 먼저 알아야 한다. 그리고 과정을 이해하고 실험한 결과를 정리할 수 있으면 된다. 이 모든 것은 교과서에 힌트가 있다.

과목마다 특색은 있지만 초등 저학년의 공부는 모두 앞으로의 공부에 기초가 된다. 쉽다고 대충 넘기지 말고 아이와 하나씩 공부하는 습관을 길러야 한다. 나는 아들과 함께 경험한 공부를 딸과도 함께했다. 한없이 귀찮은 일이라고 여길 수도 있지만 앞으로 많은 양의 공부를 스스로 할 아이를 위해 그 정도의 노력은 기울여야 한다. 공부습관이 잡히면 저절로 혼자서 하는 시기가 온다. 조금 더 인내하며 아이의 공부습관을 기르기 위해 함께하기를 바란다.

03

초등 고학년 교과목,
방법만 알면 어렵지 않다

🖙 국어: 교과서 분석부터 시작한다

초등학교 고학년이 되면 본격적으로 공부분량이 많아지고 수준이 높아진다. 국어 문제도 지문이 조금씩 늘어난다. 공부하는 습관이 없으면 아이는 좀이 쑤시기 시작한다. 공부에 흥미가 없어지기도 하고 공부를 어렵다고 느끼는 시기이기도 하다. 국어는 평소 한글을 사용하는데 뭐 어려울 것이 있을까 하고 무시할 수 있지만, 국어공부 과정을 들여다보면 국어는 정말 어려운 과목이 맞다. 물론 초등학교는 그 정도 수준은 아니지만.

학년이 올라갈수록 글을 읽고 글 속의 중심 주제를 파악하는 것이 중요해진다. 그것으로도 부족해 전체 내용에 대한 개인적인 견해까지 곁들여야 하는 경우도 있다. 평소 책을 다양하게 읽는다면 배경지식이 많아 그나마 수월할 수 있다. 한 가지 주제를 가지고 설명하고 비판하고 그에 대한 해결점을 제시하는 글을 많이 접하는 것도 도움이 된다. 이런 훈련이 되어 있다면 토론수업을 할 경우 거침없이 자기주장을 말할 수 있다. 책을 읽는 것 외에 이런 과정을 가능하게 하는 것이 텍스트를 읽어내는 훈련, 즉 신문 보기이다.

신문은 시간이 비교적 많은 초등학교 때 보라고 권하고 싶다. 신문? 어른도 안 보는데 아이들이 보겠어? 맞는 말이다. 보기 어렵다. 왜? 재미가 없기 때문이다. 우리가 신문을 보는 이유는 세상 돌아가는 것을 알기 위해서다. 당연히 아이들은 세상까지 챙길 여력이 없다. 그러나 너무 어렵게 생각하지 말고 신문을 펼치고 관심 있는 부분만 보면 된다. 헤드라인 하나만 봐도 그날의 주요 사건을 알 수 있다. 초등학교 때는 사회 이슈에 관심을 가지게 하고 차후에 비판적 사고 어휘력을 위한 신문 읽기로 전환하면 된다. 이때 주의할 점은 인터넷으로 무분별한 정보를 접하지 않도록 하는 것이다. 아직 판단력이 떨어질 수 있기 때문에 부모가 지도해야 한다.

국어공부를 위한 고전 읽기는 이상적인 공부법이지만 아이들에게는 실천이 어렵다. 그래서 나는 한 권에 총정리 되어 있는 고전 책을 사주어 시간이 비교적 많은 방학을 활용해 읽게 했다. 인물에 대한 소개와 글의 이해와 감상에 대한 전반적인 설명이 있어 중학교 공부에 많은 도움이 되었다. 문학작품은 배경과 사건의 줄거리가 파악되어야 한다. 고등학교 국어 지문은 영어만큼이나 길다. 시험시간에 다 읽을 시간이 없다. 내용이 파악된 상태에서 문제를 풀어야 시간을 절약할 수 있다. 그렇게 하기 위해서는 작품 내용을 미리 읽어야 하는 것이다.

비문학이라고 하면 설명문과 논설문이 대표적이다. 신문의 사설을 많이 읽어두면 중심내용 파악이 쉽다. 국어는 책을 많이 읽는 사람이 유리하지만 책을 읽는 것으로 끝내지 말고 요약하기를 실행해야 한다. 앞서 말한 독서기록장을 활용하는 방법도 있다.

나는 아이들과 국어공부를 할 때 반드시 교과서 내용을 아는지 확인한다. 매일 교과서를 볼 수는 없으므로 1단원에 나오는 줄거리를 미리 알아둔다. 문제집의 경우 단원에 있는 본문에서 문제를 내기 때문에 결국 내용이 파악되어야 한다. 아이에게 1단원 글의 종류를 물어보고 중심 주제를 물어본다. 단원의 목표와 소제목까지 파악하면 글에서 하고자 하는 말이 무엇인지 알게 된다. 그런 후에 문제집을 풀어야 효과가 있다. 내용도 제대로 파악하지 않고 외우기만 하면 기억에서 금방 사라진다. 수업시간에 아이들이 활동한 교과서를 잘 분석해야 시험도 실수 없이 볼 수 있다. 국어공부는 중등, 고등까지 생각해서 책을 많이 보게 하고 방학 때 고전을 읽게 해야 시간을 절약할 수 있다.

⛳ 영어: 동기 부여가 제일 중요하다

아들은 영어를 좋아했지만 누구에게나 슬럼프가 찾아오듯이 어느 순간 학원에 가는 것이 재미없다고 했다. 나는 영어에 흥미를 잃으면 어떡하나 걱정이 되어서 학원 선생님께 상담을 했다.

"선생님, 아들이 학원에 가는 것이 재미가 없다고 하는데 혹시 문제가 있나요?"

"어머님, 요즘 외워야 하는 단어가 많습니다. 공부 분량이 많아서 그런 것 아닐까요?"

"그러면 진도는 느려도 되니까 분량을 줄여주세요. 숙제도 가급적 적게 주세요."

엄마들은 내 아이가 남들보다 뒤처질까 걱정한다. 나도 마찬가지다. 그러나 더 잘하려다가 오히려 흥미를 잃고 포기해버릴 수 있다. 나는 아들이 영어에 재미를 붙이고 계속 좋아하기를 희망했다. 그래서 숙제도 줄이고 대신 선생님의 칭찬은 늘렸다. 아들은 다행히 슬럼프를 극복했다. 기다려주면 되는 것을 평소에 아이를 너무 몰아세우기만 한 것은 아닌지 살펴볼 일이다.

이때 우리 부부는 왜 영어공부를 해야 하는지 아이들에게 직접 보여주고 싶었다. 물론 매체를 통해 간접경험을 할 수도 있지만, 한 번쯤은 직접경험이 필요하다고 판단했다. 우리는 방학을 이용해 필리핀으로 가족여행을 갔다. 평소 영어를 좋아하는 아들은 신 나게 영어를 사용할 것이라 장담했다.

첫 식사를 위해 식당으로 향했다. 요즘은 외국여행이 흔한 일이라 그런지 필리핀에도 한국 사람이 많았다. 아빠는 아들을 향해 "식사 주문 네가 한번 해봐. 틀려도 괜찮아. 아빠가 도와줄게"라고 했다. 그러나 의기양양했던 아들은 정작 입이 떨어지지 않았다. 완벽한 문장으로 정리해서 말하려니 어렵다고 했다. 결국 영어로 주문하는 데 실패했지만, 그 경험은 아들이 영어 공부를 더 열심히 하는 계기가 되었다.

집에서도 아빠는 가끔 아이들에게 영어로 말한다. 잘해서가 아니라 영어를 만만하게 보고 자신 있게 하라는 의미다. 우리말처럼 자주 노출이 되어야 영어도 내 것이 된다.

⌨ 수학: 한 학기만 선행한다

수학은 중학교 진학 전에 이미 포기하는 학생이 생긴다. 초등학교 고학년만 되어도 분수와 소수의 사칙연산을 배운다. 물론 도형도 있다. 그렇다면 초등학교에서 끝나고 중학교 과정에는 매번 새로운 것을 배우는가? 아니다. 연산은 기본이고, 더 복잡해지고 어려워질 뿐이다.

초등 수학의 기초가 탄탄하게 잡혀야 다음 단계의 공부가 쉬워지는 것은 당연하다. 수학 교과서의 문제가 완전하게 이해되었다면 문제집을 풀면 된다. 수학은 특히 왜 틀렸는지 스스로 답을 도출해내야 한다. 틀렸다면 꼭 다시 풀어서 자기 것으로 만들어야 한다. 나는 시험기간에 아이들이 별표 해둔 문제, 채점해서 틀린 문제는 꼭 다시 확인한다. 그냥 넘기면 실제 시험에서 꼭 실수를 하기 때문이다.

개념이 정리되었다면 수학은 문제를 많이 풀어보는 것이 최고의 공부법이다. 대신 이때 자신에게 어려운 수준이라면 문제집을 다시 선택할 필요가 있다. 그렇지 않으면 답을 보고 적는 일이 발생한다. 수학이 점점 어려워지는 것은 서술형 문제 때문이다. 답만 쓰는 습관을 버리고 느리더라도 차근차근 풀이과정을 쓰는 연습을 해야 한다. 따라서 초등 고학년 때부터 중학교 과정에 대비해서 서술형 문제풀이 방법을 익히는 것이 좋다.

객관식 문제를 모두 주관식 문제로 바꾸어 풀이하는 것도 좋은 방법이다. 객관식으로 먼저 풀었다면 다시 서술형 문제라 생각하고 풀이과정을 하나씩 나열해보는 것이다. 그러면 스스로 어떤 부분에서 설명하기가 힘든지 알게 된다. 설명이 어려운 부분에 시간 투자를 하면 되는 것이다.

중학교에 가서 수학을 쉽게 하려면 어떻게 해야 할까? 뻔한 답은 선행하는 것이다. 나는 6학년 겨울방학 때 중학교 1학기 수학 선행을 시켰다. 공부방에서 수업을 듣고 집에서는 문제집을 풀었다. 공부방에서 선행하면 집에서는 복습을 했다.

아이들은 방학 생활계획표 중 공부하는 시간에 할 것이 없다고 문제집을 더 사달라고 했다. 나의 일은 잘하는지 감독하는 것이었다. 도움을 요청하면 당연히 요구사항을 들어준다. 이제부터는 하나씩 잡고 하는 것보다 전체를 확인했다. 스스로 할 수 있게 기회를 주는 것이다.

요즘은 한 학기도 부족해 두 학기 분량을 선행하는 학생도 있다. 학원으로 부족해 과외를 하는 학생도 있다. 그러나 내 판단으로는 아이의 흥미를 고려해서 한 학기 정도의 선행이 제일 적당한 것 같다.

🔊 사회, 과학, 역사: 암기 전에 이해부터 시작한다

초등학교 저학년의 공부와 다르지 않지만, 중학교 진학을 위한 기초를 다져야 하는 시기임을 염두에 두어야 한다. 공부에 기본은 무엇이라고 생각하는가? 여러 가지 답이 있겠지만 나는 '수업시간'이라고 본다. 수업시간이라 하면 너무 포괄적이지만 사회나 과학도 결국 시험은 교과서에서 출제된다. 교과서는 선생님이 수업하는 교재다. 선생님은 아이들에게 좀 더 쉽게 가르치기 위해 보충 자료를 배부한다. 시험 공부를 할 때는 교과서도 봐야 하고 문제집도 봐야 하고 프린트까지 봐야 한다. 공부할 과목은 많고 범위도 넓다. 포기하는 사람이 나올 수밖에 없다.

그러나 평소에 조금씩 예습과 복습을 한다면 상황은 달라질 수 있다. 갑자기 중학생이 된다고 공부하는 스타일이 달라지지는 않는다. 사회와 과학이 어려운 이유는 원리를 생각하지 않고 무조건 암기하려고 하기 때문이다. 과학은 사회 과목의 직접 또는 간접경험이 배경지식으로 활용된다. 과학의 원리를 공부할 때 수학의 지식도 활용된다. 수학 기초가 없으면 과학에서도 막히게 되는 것이다.

역사도 초등학교부터 고등학교에 걸쳐 배우게 된다. 역사는 전체 흐름을 알고 수업에 임하는 것이 당연히 이해가 빠르다. 세계사 영역은 미리 관련 책을 읽는 것이 도움이 된다. 초등교육에서 역사의 기초가 시작된다면, 중등교육은 심화과정으로 넘어가는 것이다.

이처럼 공부는 과목과도 그렇고 학년과도 분리가 아니다. 매번, 매해 전혀 새로운 것이 아니고 연계성이 있다. 사회라면 교과서의 도표, 지도까지 꼼꼼하게 챙겨보는 습관을 들이자. 과학이라면 실험의 목적, 결과 등을 학습목표와 연관 지어 공부하자.

아들의 사회 시험에 지도가 인쇄되어 나온 적이 있다. 그런데 이론은 공부했지만 지도상의 위치는 꼼꼼하게 확인하지 않았던 아들은 결국 문제와 지도를 연결하지 못해 그 문제를 틀렸다. 그

후부터 나는 아이들에게 교과서를 더 자세히 보라고 한다.

과학의 경우도 실험사진을 보여주고 문제를 출제하는 경우가 많다. 결과만 아는 것이 아니라 목적과 과정도 알아야 한다. 어떤 과목이든 교과서에 충실해야 응용문제도 풀 수 있다. 문제집부터 붙잡고 요점을 외울 것이 아니라 교과서가 먼저다.

초등 고학년은 중학교 과정으로 가는 중요한 시기이다. 갑자기 공부 환경이 달라지는 것에 대비하여 공부하는 시간을 늘리는 연습도 필요하다. 과목마다 특징을 파악하고 자기만의 공부방법을 생각해야 할 시기이다.

04
공부가 너무 늦었다고 생각되는
중학생을 위한 학습가이드

'시작이 반이다.'

'너무 늦었다고 생각할 때가 가장 빠른 때이다.'

우리에게 용기를 주는 말이다. 공부에는 때가 있다고 어른들은 말한다. 하지만 때에 맞게 알아서 해주지 않는 아이 때문에 엄마는 늘 걱정이다.

공부하지 않는 아이들은 핑계가 많다. 공부가 되지 않는 이유부터 찾으려고 하고 자신이 못한 것을 정당화하려고 한다. 공부하는 모습을 살펴보면 집중하지 못한다. 집중이 안 되는 공부를 하니 계속 시간만 확인한다. 그 결과 책은 언제나 처음 보던 범위에서 벗어나지 못한다. 한 장 하고 다시 앞 장을 넘겨보기를 반복한다. 몰입할 수 없기 때문이다.

결정적인 문제점은 모르는 문제를 모르는 줄도 모르고 그냥 지나친다는 것이다. '이런 것까지 시험에 나오겠어' 하고는 넘겨버린다. 그러나 시험 문제에는 꼭 중요한 내용만 나오는 것이 아니다. 그리고 또 다른 문제는 엉덩이를 붙이고 오래 앉아 있지를 못한다는 것이다. 조금 있다 냉장고에 가서 물 마시고 잠시 뒤에 화장실에 가는 것을 반복한다. 1시간을 공부한다고 해도 집중하는 시간은 반도 못 미친다. 그 반도 온전한 자기 공부가 아니다. 이렇게 공부한다면 좋은 성적을 받을 수 있을까? 누구든 아니라고 답할 것이다.

초등학교 과정에서 공부를 안 했다고 해서 포기할 필요는 없다. 공부란 본인이 필요성을 느끼면 시기에 상관없이 하게 되어 있다. 내가 그 좋은 예다. 나는 두 아이를 낳고 다시 공부를 시작했다. 공부를 잘해서 한 것이 아니다. 게다가 워킹맘의 시간은 한정되어 있다. 그런 상황임에도 공부를 하겠다고 했을 때는 대단한 결심이 있었기 때문이었다. 무엇보다 공부를 해야 하는 자신만의 이유가 있다면 초등학교 때 공부를 안 했어도 중학교에 가면 달라진다. 스스로 필요하다고 생각되면 학원도 가려고 할 것이다. 공부가 너무 늦었다고 생각된다면 다음 세 가지를 유념해보자.

첫째, 목표부터 세워라

목표가 있는 아이는 시키지 않아도 공부한다. 시기가 조금 늦어도 괜찮다. 뒤늦게 공부에 눈을 떠 좋은 대학에 가는 경우는 얼마든지 있다. 부모는 아이가 목표를 가질 수 있도록 지지하고 관심을 가져줘야 한다. 아이가 공부를 못한다고 해서, 소홀히 한다고 해서 관심을 끊어서는 안 된다. 문제를 일으키는 아이들의 경우 그 원인은 대부분 관심이 부족해서이다. 부모, 친구, 선생님 등 누구든지 관심을 주어야 한다. 사랑과 관심을 받는 아이는 절대로 삐뚤어지지 않는다. 사춘기는 마치 모든 아이가 삐뚤어져도 되는 시기처럼 여기는 경향이 있다. 신체적인 면에서, 정서적인 면에서 변화가 있는 시기라 이해는 간다. 그렇지만 당연한 것은 아니다.

대학생이 되어도 관심이 필요한 것은 마찬가지다. 대학생이면 스스로 자기 할 일은 알아서 할 것 같지만 그렇지도 않다. 결석도 하고 수업시간에 딴짓도 한다. 모든 면에서 관리가 필요한 학생이 있다. 이런 학생들의 공통점은 공부에 관심이 없다는 것이다. 그래서 교수의 눈 밖으로 밀려나고, 학교에는 더욱 가끔 오게 된다. 이런 학생들에게 필요한 것은 부모의 관심이다. 작은 노력에도 큰 칭찬을 하면 된다. 그러면 어떻게 변하겠는가? 아이는 공부를 못해도 해보려고 노력하는 모습을 보인다. 매주 출석하는 학생이 된다.

공부는 안 해서 못하는 것이다. 공부하는 방법을 알려주기 전에 관심을 먼저 보여주어야 한다. 아이에게 엄마의 관심은 최고의 선물이다. 일하는 엄마라서 시간이 없다고만 하지 말고 아이와 함께하는 시간을 만들어야 한다.

우리 주변에는 뒤늦게 공부해서 성공한 사람들이 있다. 어떻게 그런 일이 가능할까? 공부와 담을 쌓고 지낸 사람이 갑자기 공부하려면 어떻게 해야 하겠는가? 처음부터 하는 수밖에 없다. 목표가 있으면 그 어려운 일에도 도전하게 된다. 학년과 나이에 상관없이 기초부터 다시 공부하고 있다고 부끄러워할 필요는 없다.

둘째, 자기 실력을 제대로 파악하라

우리 아들은 중학교 1학년 때 수학에서 C를 받았다. 그때부터 다시 기초부터 한다는 생각으로 수학공부를 시작했다. 부족하면 모자란 만큼 보충하면 되는 것이다. 모르면 모른다고 인정하는 것이 필요하다. 모르는데 아는 척하는 것이 문제다. 솔직한 모습은 용기 있다고 칭찬받을 일이지 무시받을 일은 아니다. 모르면 과감하게 모른다고 말하라고 가르치자. 그것이 문제를 해결할 빠른 길이다.

단체로 수업하면 아이들 모두 아는 것처럼 보인다. 그러나 개별적으로 확인해보면 잘 모르는 학생이 많다. 공부를 잘하는 학생과 달리 공부를 못하는 학생은 자신의 부족한 부분을 정확히 파악하지 못한다. 그래서 공부하려고 마음을 다잡고 앉아도 시작점을 찾을 수가 없다. 잘하는 아이들은 부족한 부분을 집중 공략하니 더 좋은 성적이 나올 수밖에 없다.

이제라도 공부를 시작한다면 우선 자신의 실력부터 파악해야 한다. 초등학교 과정도 모르는데 중학교 문제집을 풀 수 있겠는가? 모처럼 공부할 계획을 세웠는데도 포기하는 이유는 공부가 어렵기 때문이다. 이때 부모의 역할은 아이의 수준을 정확하게 진단하고 아이가 공부를 시작할 점을 짚어주는 것이다.

셋째, 학년이 아니라 실력에 맞는 수준에서 시작하라

자신의 수준부터 파악하고 그에 맞는 공부를 시작해야 한다. 공부를 포기한 고등학생이 중1 공부부터 시작하듯이, 중1 학생이면 초등학교 과정부터 시작하면 된다. 그리고 점수에서 제일 큰 폭으로 벌어지는 수학, 영어를 우선으로 공부해야 한다. 암기 과목은 공부습관이 잡히면 금세 따라잡을 수 있다.

문제집 선택에서 언급했듯이, 내 수준보다 조금 낮은 책을 선택해서 자신감을 올리는 것이 좋다. 중2라면 중1부터 다시 시작하면 된다. 결코 늦은 때란 없다. 아이가 필요로 하는 부분을 채울 수 있도록 부모는 적극 협조해주어야 한다. 혹시 아이가 자신의 부족한 부분을 채우기 위해 전문학원에 보내달라고 하면 안심하고 보내면 된다. 아이가 자발적으로 요청한다면 결과는 좋을 수밖에 없다. 엄마의 잔소리가 없어도 스스로 공부하는 아이가 된다.

다른 사람보다 늦게 간다고 해서 결과까지 나쁘리라는 법은 없다. 공부는 자발적인 동기가 작동하면 엄청난 결과로 나타난다. 이런 아이에게 엄마는 격려해주고 칭찬해주면 되는 것이다. 늦게라도 공부해야 할 목표를 찾은 아이는 스스로 길을 개척한다. 지금 공부하라고만 다그치는 부모라면 질문해보길 바란다.

'나는 부모님이 어떻게 해주실 때 최고로 좋았지? 기다려주고 믿어줄 때가 아닐까?'

아이의 부족한 부분을 점검해보고 기다려줘야 할 부분인지, 엄마가 도와주어야 할 부분인지 파악이 필요하다. 공부하겠다고 결심한 마음이 흔들리지 않게 끝까지 다잡아 주는 것이 엄마의 역할이다.

과목별 늦은 공부 따라잡기

만약 당신의 자녀가 중학교 영어를 따라가지 못한다면 당연히 기초부터 해야 한다. 우리는 영어를 잘하려면 단어를 많이 알아야 한다고 생각한다. 그래서 중학교에 진학하면 제일 많이 하는 것이 단어장 만들기다. 그러나 단어를 알면 말이 시원하게 나올 것 같지만 그렇지 않다. 하루 수십 개씩 단어 외우기에만 도전하면 금방 지친다.

영어에 관심 있다면 '영어는 단어만 외우지 말고 문장 통째로 외워라'라는 말을 들어본 적 있을 것이다. 단어 하나 외우기도 어려운데 문장을 어떻게 외우느냐고 하소연할지도 모르겠다. 단어를 외울 때 우리는 여러 가지 뜻을 같이 외우지만 기억에는 자주 쓰는 것만 남게 된다. 그래서 막상 외국인과 마주하거나 상황이 바뀌면 적절한 단어를 찾지 못한다. 그렇기 때문에 상황에 맞는 문장으로 외우면 그 단어의 쓰임을 확실히 알 수 있다. 이런 문장들은 계속 보다 보면 단어가 자연스럽게 외워질 수밖에 없다. 이렇게 문장을 통해 단어를 외우는 것이 독해 문제를 푸는 데도 도움이 된다.

단어장을 만들 때는 한 장을 반으로 접어서 단어를 기록하면 좋다. 테스트할 때 단어와 뜻을 분리하면 누가 불러주지 않아도 혼자서 확인이 가능하다. 영어단어장도 효율적으로 활용해야 한다.

영어시험을 위해서는 문법공부도 필요하다. 문법책은 여러 권을 보는 것보다 한 권을 완벽하게 보는 것이 좋다. 반복해서 보라는 것이다. 영어실력이 부족하다면 방학을 기회로 기초부터 차근차근 시작하자. 아이의 학년보다 낮은 수준의 영어책을 본다고 해도 전혀 이상하지 않다. 다만 영어공부는 무엇보다 꾸준히 하는 것이 중요하므로 일단 시작했다면 매일 해야 한다.

수학은 다른 어떤 과목보다 수준이 더 확실히 구분되는 과목이다. 수학에 관심 없는 친구들은 중학교 과정부터 포기하기도 한다. 이런 아이들을 가리키는 '수포자(수학을 포기한 사람)'라는 말이 생겼을 정도다. 수학은 전 학기의 내용이 인지되어 있지 않으면 다음 학기의 문제를 풀 수가 없다.

따라서 수학은 꼭 수준별 학습이 필요하다. 자신이 또래보다 낮은 수준이라면 중1 수학부터 다시 해야 한다. 그리고 한 권의 문제집을 여러 번 반복해서 풀어야 한다. 제일 중요한 것은 교과서를 이해하는 것이다. 문제집을 풀 때는 틀린 것, 모르는 것, 실수한 것을 구분하여 풀고 반드시 오답노트를 작성해야 한다.

수학은 특히 기초가 없으면 따라가기가 어려운 과목이다. 수학이 다른 성적에 비해 낮았던 아들은 중2 때도 중1 수학을 공부했다. 중1 수학 교과서부터 시작해서 문제집 한 권을 선정했다. 물론 수학전문학원에 다니기 시작했다. 문제를 풀 때는 바로 문제집에 풀지 않고 노트에 정리했다. 문제집을 채점하고 오답노트를 작성했다. 다음에 다시 문제를 복습해서 풀었다. 이런 식으로 문제를 많이 풀어보며 유형을 익혔다. 그래야 실전에서 문제 푸는 시간을 단축할 수 있다.

기타 암기과목은 암기만 열심히 하면 단시간에 점수를 낼 수 있다. 중학교 과정에 또 하나의 걸림돌은 과학이다. 중학교에서 하는 과학은 공부할 것이 많다. 물리, 화학, 생물, 지구과학으로 구성되어 있다. 좋아하는 과목, 싫어하는 과목은 다 다르겠지만 공통적으로 과학에는 암기할 것이 많다. 특히 물리는 수학처럼 공식을 외워 계산까지 해야 한다. 기본원리를 파악하는 것이 무엇보다 중요하다. 과학은 만만한 과목이 아니다. 개념을 이해하고 공식을 외워야 한다. 자신이 없는 부분은 인강을 듣거나 전문학원을 통해 더욱 자세한 이해가 필요하다.

이 모든 과목의 시험공부를 벼락치기로 할 수는 없다. 제일 중요한 것은 수업을 통한 교과서 숙지가 기본이고, 다음은 자습서 문제집을 통한 복습이다. 남의 전략은 참고일 뿐이다. 반드시 나만의 전략을 세워서 공부에 대한 성취감을 느껴보자.

사회와 역사도 마찬가지이다. 암기할 것이 너무나 많다. 우선 교과서는 중요하지 않은 부분이라도 전체적으로 정독하고 시작해야 한다. 교과서 단원의 마지막 장을 보면 총정리가 되어 있어 목차별 큰 줄기를 알 수 있다. 교과서 파악이 끝나면 인강을 듣는다. 수업시간에 받은 프린트 위주로 정리한다. 그리고 시험공부를 다했다고 생각되면 꼭 테스트를 해봐야 한다. 단원마다 중요한 부분을 질문하고 교과서 문제도 확인해야 한다. 이때 엄마가 시험범위 안에서 아이에게 질문하고 답하는 공부를 해주면 외우기가 한결 수월해진다. 암기는 자신감이 생길 때까지 반복해야 한다.

이번 중간고사 기간에 딸에게 물었다. "중학생인데도 엄마가 같이 공부해주는 친구들이 있니?" 하고 말이다. 딸은 우리 엄마가 특이하긴 하지만 친구 중에 그런 엄마가 있다고 했다. 인강을 함께 듣고 문제도 같이 푼다고 했다. 내기를 걸어 경쟁도 한다고 했다. 그것도 좋은 방법이다. 공부하라고 무조건 명령만 하는 것보다 엄마가 같이하면 아이도 좋아한다. 사춘기 아이에게는 말 걸기도 힘들다고 한다. 그러나 같이 공부하면 사춘기 중학생과 대화도 잘 할 수 있다. 얼마나 좋은가. 결국 이런 습관들이 자기주도학습의 씨앗이 된다.

중학교 공부에 자신이 없다면 다시 시작해보자. 엄마와 아이의 노력에 따라 충분히 추월할 수 있다. 기초부터 다시 하는 치밀함으로 승부를 걸어보자.

$\left(\begin{array}{c}\text{5장}\end{array}\right)$

스스로 공부하는 아이로 키우는 부모의 7계명

01
모범을 보이는 부모가 된다

    가족은 많은 시간을 함께 보낸다. 자식은 부모를 거울삼아 보고 배운다. 모두 이런 사실을 알지만 부모라고 일상에서 매 순간 바른 행동만 하기는 어렵다. 내 모습 중 아이들이 닮았으면 하는 부분도 있지만, 반면에 '이건 절대 닮지 말라'고 외치는 것도 있을 것이다. 그건 아마 나쁜 습관일 것이다. 그러나 아이들은 나쁜 것에 노출되는 데 익숙하고, 결국 성인이 되면 부모의 행동을 상당 부분 따라 하게 된다. 폭력적인 아버지의 모습에 '나는 절대 저렇게 살지 않을 거야'라고 외쳤던 아이가 커서 가정을 이룬 후에 자기도 모르게 같은 행동을 하는 경우처럼 말이다. 이렇게 부모로부터 학습된 행동들은 어느 순간에 무의식중에 나오게 된다.

    부모라면 자식이 성인이 되었을 때 어떤 모습으로 살았으면 좋겠다는 상상을 해볼 것이다. 당연히 좋은 일, 좋은 모습을 그린다. 그런데 아이가 정말 그런 모습으로 살기 바란다면 부모가 먼저 변해야 한다. 아이에게 명령하기 전에 부모가 행동으로 보이면 아이는 자연스럽게 받아들인다. 물론 귀찮은 일이다. 하지만 자식 농사는 어렵다는 것을 받아들이자. 노력 없이는 자식을 바르게 키우기 힘들다고 인정하자.

나는 아이들과 함께 공부하고 함께 꿈꾸는 엄마가 되리라 다짐했다. 공부를 할 때는 어떻게 하고 왜 해야 하는지를 행동으로 이해시켰다. 살아가면서 꿈이 왜 중요하고 꿈이 공부에 어떤 영향을 미치는지 직접 보여주었다.

내가 추구하는 모습은 성장하는 엄마이다. 이건 언제나 현재진행형이다. 아이들이 성인이 되어도 늘 노력하는 엄마이고 싶고 훗날 최고의 엄마였다고 박수받고 싶다. 최고의 엄마란 무슨 일이든 해결해주는 엄마가 아니라 방법을 알려주고 경험하게 하는 엄마다.

아이에게 엄마가 실천으로 보여준 7가지

모범이 되는 엄마가 되기 위해서 내가 실천한 것들을 정리해보겠다.

첫 번째는 아이와 함께 공부한 것이다. 나는 아이들과 함께 공부를 시작했다. 뒤늦게 공부를 하면서 그동안 왜 공부를 못했는 지, 공부를 잘하려면 어떻게 해야 하는지를 깨닫고 경험했다. 물론 학창시절에 이미 경험했지만 그때는 절실하지 않았다. 나는 대학에서 학생들과 수업하면서 항상 학생들의 태도를 살핀다. 성적이 좋은 학생은 당연히 수업태도가 좋다. 나는 공부하는 입장과 가르치는 입장을 번갈아 경험하면서 아이들에게 무엇을 깨우치게 할지 생각할 수 있었다. 결국 공부는 스스로 해야 하고 왜 해야 하는지 필요성을 느껴야 한다. 이런 깨달음이 있었기에 나는 꾸준히 아이들의 공부를 봐주었고 내 공부도 손에서 놓지 않을 수 있었다.

두 번째로 실천한 것은 독서이다. 아이들에게 책을 읽어주고 같이하는 시간 이외에 나는 책으로부터 많은 동기 부여를 받았다. 정해진 답이 아닌 책 속에서 답을 찾아 인생을 살았으면 하는 바람으로 시간만 나면 책을 들었다. 게다가 나는 공부하고 강의하는 직업을 가졌기 때문에 책과는 뗄 수 없는 관계였다. 매일 책과 함께하는 모습을 보였기 때문에 아이들과 도서관에 가는 것도 자연스러웠다.

세 번째로 실천한 것은 꿈을 위한 노력이다. 앞서 언급했듯이 나의 직업은 치과위생사였다. 워킹맘으로 공부를 시작한 이유는 치위생과 교수가 되기 위해서였다. 목표 없는 일을 하면 쉽게 지치고 성과가 나지 않는다. 공부에는 목표가 있어야 한다. 바로 자신의 꿈을 찾는 일이다.

워킹맘은 바쁘다. 직장과 육아 그리고 공부까지 한다고 하면 다들 손을 내젓는다. 무엇 때문에 그렇게 힘들게 사느냐고 물어본다. 맞는 말이다. 정말 힘들었다. 그러나 그런 삶을 선택한 이유는 꿈을 이루기 위해서였다. 임용원서를 접수하기 위해 엄마가 자기소개서를 쓰고, 공개강의를 준비하고, 불합격하는 모습을 우리 아이들은 봤다. 석사, 박사논문을 쓰며 시간이 부족해 동동거리는 모습, 강의를 준비하는 모습 등 모든 순간을 함께했다. 나는 그런 과정을 거쳐 치위생과 교수가 되었다. 내가 먼저 꿈에 도전하는 모습을 보였다. 나는 많은 책을 보면서 책을 써보고 싶다는 생각을 했다. 그래서 작가에 도전했다. 이렇게 꿈은 이루기 위해 목표를 설정하는 것이고, 목표를 향해 가기 시작하면 인생의 주인공이 될 수 있다.

네 번째로 실천한 것은 계획을 짜고 실행한 것이다. 대한민국 직장인이라면 누구나 피곤하고 힘들다. 쉬는 시간보다 일하는 시간이 많다고 불만이다. 워킹맘으로 살면 특히 시간이 부족하다. 하고자 하는 의욕만으로는 많은 일을 다 처리하지 못한다. 나는 모든 것을 하기 위해 내가 사용할 수 있는 시간을 계산했다. 그리고 하루에 해야 하는 일을 적었다. 기억을 잘 못해서이기도 했지만, 생각을 정리해서 일의 순서를 정하기 위해서다. 혹시 계획한 일을 못하더라도 우선순위에 둔 일만큼은 하기 위해 노력했다. 꿈을 꾸지 않았다면 나는 이렇게 치열하게 살지 않았을 것이다. 이렇게 계획을 세워서 실천했기에 아이들의 하루 공부도 가능했다.

다섯 번째로 실천한 것은 시간을 헛되이 쓰지 않은 것이다. 시간은 누구에게나 똑같이 주어진다. 같이 직장에 다녀도 자기계발을 하는 사람이 있는 반면, 주말에 쉬고도 피곤해죽겠다는 사람이 있다. 나는 주말에 아무것도 안 하고 보내는 것이 너무 허무하고 시간이 아까웠다. 책이라도 읽어야 내가 무언가를 했다는 만족감이 들었다. 아이들도 챙겨야 하니 나에게는 무엇보다 시간활용이 중요했다. 나는 주로 아이들이 자는 시간 즉 늦은 밤이나 새벽에 시간이 부족해서 하지 못했던 일들을 처리했다. '시간이 없어서 못해요'라고 말하기 전에 어떤 시간이 불필요하게 허비되고 있는지 파악하면 시간을 알차게 쓸 수 있다.

여섯 번째로 실천한 것은 운동이다. 아이들에게는 바른 생활, 바른 자세, 좋은 음식 등을 요구하면서, 정작 부모는 "어른들은 괜찮아. 너희는 아직 어리잖아"라고 말한다. 그러면 아이들에게 하는 말에 전혀 설득력이 없다. 어른은 아무것이나 해도 되고 아이들은 통제를 받아야 하는 것으로 여겨지니 불만이 생긴다. 아이를 키울 때 중요한 것은 아이들에게 말하기 전에 스스로 지키는 모습을 보이는 것이다.

우리 부부는 건강을 위해 꾸준하게 운동을 한다. 음식도 절제해야 함을 보여준다. 어른도 아이와 똑같이 욕구가 있지만 자제한다는 것을 알려준다. 남편은 아이들에게 다이어트를 선언하고 11kg 감량에 성공했다. 아이들과의 약속을 지킨 것이다.

일곱 번째로 실천한 것은 외국어를 생활 속에서 습관화한 것이다. 남편은 외국계 회사에 다닌다. 때문에 입사 후 한동안 영어 학원에 다니기도 했다. 그리고 아이들에게 가끔 영어로 말하도록 시켜본다. 예를 들어 딸이 좋아하는 가수 앨범을 사기를 원하면 왜 사야 하는지 영어로 이유를 설명해보라고 한다. 그런 식으로 대화를 이어간다. 살 때 사주더라도 영어를 쉽게 생각하고 접할 수 있게 하기 위해서다. 아이가 영어로 잘 설명하지 못하자 결국 사주는 대신 시험을 보기로 했다.

남편은 일반 회사보다 영어를 사용할 일이 많다 보니 퇴근 후에도 영어로 메일을 보내거나 통화하는 일이 생긴다. 원어민 수준이 아니라고 해서 걱정할 필요는 없다. 자신이 하고 싶은 말을 전달하고 무슨 말인지 알아들으면 되는 것 아닌가. 남편은 일상생활에서 영어를 습관화하려고 노력하고 특히 운전할 때는 영어 방송을 듣는다. 평소 집에서는 영어와 관련된 유튜브 영상을 많이 본다. TV프로그램도 영어 자막이 없는 것을 선택한다. 아이들에게도 영어로 질문을 많이 한다. 부모의 이런 행동 자체가 아이들에게는 언어에 대한 자신감으로 작용한다. 아이와 상황만 다를 뿐 부모도 공부하고 노력한다는 것을 인식시킬 필요가 있다.

우리 부부가 실천한 행동은 특별한 것이 아니다. 그럼에도 계속 해나가는 것이 결코 쉽지 않았다. 좋은 부모가 되는 것은 참으로 어렵다는 것을 실감한다. 부모라고 해서 매일 모범답안만 보일 수는 없다. 때로는 실수도 하고 실패도 한다. 그 모든 것을 인정하는 모습 또한 아이들은 배울 것이다. 인생을 살면서 무수히 경험할 실패는 아이들에게 성장을 가져다줄 기회가 된다.

부모가 먼저 올바른 행동을 보여주면 아이는 막다른 길에 부딪히더라도 스스로 헤쳐나갈 수 있다. 지금은 육아가 힘들어 벗어나고 싶겠지만, 어차피 아이와 함께하는 시간은 길지 않다. 아이와 함께하는 지금, 아이에게 먼저 모범을 보이자. 열심히 노력하는 부모의 진심은 반드시 전해지기 마련이다.

02
점수보다 더 높은 목표를 제시한다

공부를 잘하는 아이들의 공통점은 목표의식이 뚜렷하다는 것이다. 단순하게 잘하자는 차원이 아니라 몇 점을 받겠다는 명확한 자기만의 기준이 있다. 기준을 정할 때는 반드시 본인의 의지가 반영되어야 한다. 우리 집은 성적에 대한 목표는 아이 스스로 정하게 한다. 대신에 목표를 달성하기 위한 방법이나 문제점을 해결할 방법은 아이들과 함께 고민한다.

나는 아이들이 목표를 세우고 실행하는 과정을 항상 확인한다. 어려워하는 부분은 없는지, 필요한 것이 있는지 점검한다. 목표를 달성하면 보상에 대한 약속은 반드시 지킨다. 아이들이 공부하는 시간에 나도 책을 읽거나 같이 공부한다. 같은 공간에서 함께하면 위안이 되고 서로 동기 부여가 된다.

사람은 목표가 정해지면 과정이 힘들어도 견디려는 의지가 강해진다. 시켜서 하는 경우에는 반드시 한계가 온다. 현재 외고에 다니는 아들은 정규수업이 끝나면 학교에서 보충수업을 한다. 저녁을 먹고 11시 30분까지 정독실에서 자습을 한다. 이후 시간은 기숙사에서 자유시간이다. 그러나 자유시간조차도 동아리 활동을 하거나 과제를 하며 바쁘게 보낸다. 잠자는 시간은 보통 새벽 1시가 넘는다. 기상시간은 6시 20분으로 아침체조와 함께 시작된다. 과연 아들이 원해서가 아니라 엄마가 원해서 보냈다면 견딜 수 있을까? 아마 나를 원망하며 학교생활에 적응하기 힘들어하지 않았을까?

졸업과 입학은 또 다른 시작을 의미한다. 그 시작은 본인이 결정해야 한다. 아들은 스스로 한 결정에 책임을 지듯 힘든 생활도 견딜 만하다고 씩씩하게 대답한다. 이 고등학교 3년을 이겨내야 꿈을 이룰 수 있음을 알기 때문이다. 물론 도전이 대학 진학으로 끝나는 것은 아니다.

부모의 지지를 받는 아이는 못할 것이 없다

아들은 프로파일러라는 꿈을 가지게 되면서 더욱 자기주도적으로 공부하게 되었다. 나도 자연스럽게 프로파일러에 관한 내용을 접하면 눈여겨보게 되었는데, 한국에서 흔한 직업은 아니지만 아들의 성향과 호기심을 고려할 때 잘 맞는 선택인 것 같다. 아이에게 꿈이 생기면 엄마는 무조건 이루어진다는 확신을 주어야 한다. 마치 이루어진 것처럼 세뇌를 시켜야 한다. 부모의 지속적인 관심은 아이 스스로 꿈과 연관된 행동을 하게 만들기 때문이다.

아들은 외고 입학으로 1차 꿈의 목표에는 도달했다. 다음 단계를 위해 학교에서 프로파일러를 준비하는 심리동아리 활동을 하고 있다. 앞으로 3년간의 준비가 또 다른 결과를 가져올 것이다.

딸이 다니는 중학교는 1학년 동안은 자유학기제를 시행하기 때문에 시험이 없다. 시험이 없는 대신 진로체험을 할 수 있는 현장실습을 한다. 딸은 시험에 대한 스트레스가 없어 좋아했다. 아이들은 시험이 없으면 긴장하지 않는다. 그래서 방법이 없을까 고심하던 찰라 딸이 휴대폰을 바꿔달라고 요청했다. 나는 마침 좋은 기회라고 생각했다.

"학교 시험이 없으니, 그러면 집에서 시험을 보면 되겠네."

"왜요?"

"우리 집은 당연히 해주는 것은 없잖아. 네가 노력해서 얻어."

딸은 그렇게 하겠다고 했다.

"그럼 휴대폰 기종과 목표점수는 네가 정해."

딸은 자신이 원하는 휴대폰을 받을 수 있다는 생각에 이미 시험을 다 본 것처럼 즐거워했다. 그리고 시험범위와 시험날짜도 척척 정했다. 지금부터 딸의 마음과 행동은 어떻게 변할까?

공부 목표가 생기면 마음은 벌써 열공모드로 바뀐다. 공부하라는 엄마의 말 정도로는 강력한 동기 부여가 되지 않는다. 이처럼 아이의 마음이 움직이도록 부모가 욕구를 자극해야 한다.

사실 집에서 시험을 보는 건 아이뿐 아니라 부모에게도 귀찮은 일이다. 시험점수에 맞춰 약속한 휴대폰도 알아봐야 한다. 이왕 사줄 거라면 편하게 돈만 주면 되는데 굳이 이렇게 고생을 하는 이유는 아이의 공부에 관심을 가지는 부모의 모습을 보여주기 위해서다. 우리는 늘 이렇게 아이들이 원하는 것이 있을 때면 같이 의논하고 목표를 정했다.

아이들이 관심 있어 하는 것은 대부분 비슷하다. 아들도 최신 휴대폰을 사기 위해 평균점수 90점 이상을 정한 적이 있다. 이렇게 열심히 해서 원하는 것을 얻으면 아이는 당당하고 뿌듯해한다. 다음 목표를 무엇으로 할지 생각도 한다. 부모는 아이가 열심히 해서 좋고, 아이는 자신이 원하는 것을 얻어 좋은 것이다.

도전은 자기 스스로 결정한 문제에 책임진다는 점에서 중요하다. 또한, 아이들은 이 기회에 자신의 노력 정도를 스스로 판단할 수 있다. '이만큼 공부하니까 원하는 결과가 나오는구나' 하고 느끼면, 다음에 더 높은 목표를 달성하기 위해서는 지금보다 얼마나 더 노력해야 하는지를 알게 된다. 만약 실패해서 원하는 것을 얻지 못해도 큰 경험이 된다.

"정말 열심히 했는데 안타깝네. 무엇이 문제였던 것 같니?"

"제가 너무 쉽게 생각했어요. 노력이 부족했던 것 같아요."

아이는 왜 실패했는지 스스로 판단한다. 성공하지 못해도 값진 것을 얻는다. 이럴 때는 약속한 선물은 주지 못해도 아이의 노력을 칭찬할 만한 작은 선물로 위로해주면 된다. 대신에 일관성은 지켜야 한다. 부모가 약속을 이행하는 것은 아이에게 중요한 일이다.

아들이 다니는 외고는 1학년 2학기에 열흘간 미국문화체험 연수를 간다. 아이는 발표자료를 만들고 시험을 준비하느라 너무 바빴지만 설레는 마음으로 기다렸다. 고등학교 진학을 결정하기 전에 이 학교에서 미국연수가 진행된다는 것을 알고 입학을 희망했었다.

새로운 것을 체험할 기대에 가슴이 부푼 아들은 정말 열심히 준비했다. 미국까지 14시간 동안 비행기 안에서 볼 단어장을 챙기는 모습이 대견했다. 아들은 부모의 도움 없이 혼자 환전을 해보고 사고 싶은 목록을 작성하고 지출계획을 세웠다. 하버드에서 강의를 듣고 코넬대와 예일대를 방문하는 기회도 있었다. 아들은 새로운 세상을 보고 문화의 다양함을 경험했다. 학교에서 배우는 것과는 또 다른 지식을 얻고 더 큰 목표와 또 다른 꿈이 생겼다.

꿈을 향한 목표는 아이를 공부하게 하는 힘이다. 도전과 고민 없이는 결과도 없다. 부모는 아이가 마음껏 고민하고 도전하도록 지원해야 한다. 우리 아이의 목표는 무엇인가? 목표를 이루기 위해 어떤 노력을 하고 있는가? 부모인 나는 어떤 도움을 주고 있는가? 진지하게 고민해봐야 한다.

가끔 주변에서 자퇴하는 아이를 본다. 공부에 뜻이 없어서 그런 경우도 있지만, 자신의 꿈이 명확해서 선택하는 경우도 있다. 1등을 하는 아이도 자퇴할 수 있다. 1등 하는 아이가 왜 자퇴하는지 궁금하지 않은가? 1등이라는 목표는 아이가 정한 꿈과 연결되지 않기 때문이다. 즉, 엄마가 1등을 고집했기 때문이다. 이 경우 오히려 학교를 떠난 아이는 꿈을 향해 더 열정적으로 달려간다.

목표가 서야 행동이 뒤따른다. 아이에게 수시로 목표를 묻고 함께 고민하는 엄마가 되어보자. 부모의 지지를 받는 아이는 못할 것이 없다.

03
아이의 꿈을 함께 디자인한다

꿈은 누구에게나 있다. 그러나 현실에 묻혀 외면하고 사는 경우가 대부분이다. 성장하는 아이들은 그나마 꿈을 생각할 기회를 가진다. 그러나 부모가 되면 가족의 뒷바라지가 최선이라 생각하고 살아간다. 직장에서 받은 스트레스를 한잔 술로 위로하면서 아이의 인생은 자신과 다르기를 바란다.

"엄마, 아빠보다는 더 잘 살아야지. 성공해야지. 그러니 공부 열심히 해."

아이에게 이 말이 가슴에 와 닿을까? 그냥 으레 부모님들이 다 하는 말씀 정도로만 생각할 것이다. 이런 말은 아이에게 자극이 되지 않는다.

차라리 "너는 무슨 일을 하고 싶어?"라는 질문이 더 많은 생각을 하게 한다. 왜? 대부분 그 대답의 끝은 공부를 해야 한다는 것으로 마무리되기 때문이다.

물론 공부를 잘하지 못해도 할 수 있는 일도 있다. 훌륭한 부모는 그것이 어떤 것이든 아이의 꿈을 지지하는 것이라고 생각한다. 꿈을 안다는 것은 우리 아이가 좋아하는 일, 즉 관심분야를 파악한다는 것이다.

부모는 꿈을 찾아가는 동반자

우리 딸은 초등학교 때는 의사, 변호사가 꿈이라고 했다. 이때는 누구나 대통령이 꿈이라고 할 때이다. 조금 지나자 내가 강의하는 것을 본 영향인지 선생님이 되고 싶다고 했다. 그 후는 아나운서가 꿈이라 했다. 자꾸만 바뀌어갔다. 다음 꿈은 스튜어디스였고, 관련 책을 찾아 읽어보기도 했다. 그다음 꿈은 바리스타였다. 그러고는 한동안 꿈이 없다고 했다. 내가 보기에는 없다기보다는 현실을 생각하는 것 같았다. 단순히 멋있게 보이는 것, 재미있어 보이는 것, 호기심만으로 결정할 문제가 아니라는 것을 알게 된 것이다. 중학생이 되니 더욱 조심스럽다.

"서연아! 오빠가 공부 잘해서 부담스러워?"

"약간 그렇긴 해요."

"오빠는 꿈이 있어 더 노력하는 거야. 너도 꿈을 찾아보자."

딸도 공부를 잘한다. 심적으로 외고에 간 오빠가 부담되긴 하지만, 꼭 오빠와 똑같이 해야 하는 건 아니라는 것을 알고 있다. 내가 원고를 쓰는 동안에도 딸은 꿈을 결정하지 못했다. 그러나 원고가 마무리될 즈음에 꿈이 생겼다고 말했다.

"엄마! 나 하고 싶은 것을 찾았어요."

"그래, 뭔데?"

"건축설계요."

"응, 좋은데? 전혀 예상 못 했네."

학교의 동아리 활동과 외부에서 진행된 직업 체험활동은 딸이 꿈을 다시 생각하게 된 계기가 되었다. 얼마 전 딸의 수행평가를 보니 앞으로 자기가 살고 싶은 집을 설계한 설계도가 있었다. 거창한 도면은 아니지만 나름대로 방과 거실이 구분되고 전체적인 윤곽이 보였다.

"서연아, 이건 무슨 집이야?"

"이건 내가 살고 싶은 집, 그리고 이건 내 방 설계도요."

"오~ 멋지다."

딸은 그 과제를 즐겁게 하고 있었다. 2학기 자유학기제 동안에 딸은 유난히 만드는 작업을 많이 했다. 여러 작품을 만들어 선물하기도 했다. 딸은 손으로 만들고 그리는 것에 재미를 느끼는 것 같았다. 지난 초등학교 과정에서도 그런 성향을 드러냈었다. 미술학원에 다니는 것이 힐링이라고 말했었다.

당장 꿈을 단정 지을 필요는 없다. 우리 아이가 좋아하는 것으로 교집합을 만들면 된다. 서서히 하나씩 맞추다 보면 결론에 도달되는 시점이 온다. 지금 그 시점이 아니라고 해서 서두를 필요는 없다. 관심을 가지고 천천히 아이와 의논하면 된다.

아들의 어릴 적 꿈은 영어 선생님이었다. 딸과 달리 초등학교에 다니는 동안 크게 변하지 않았다. 보통은 선생님이라고 말하는데 아들은 꼭 영어 선생님이라고 말했다. 그만큼 영어에 대한 애정이 있었다. 그 애정은 당연히 영어공부를 열심히 하는 밑거름이 되었다. 그러나 초등학교를 졸업하고 나서는 꿈에 대해 별다른 생각이 없는 듯했다. 그냥 공부는 열심히 해야지 하는 정도였다. 그리고 그때는 외고에 진학하겠다는 목표도 없었다.

영어를 잘하고 좋아하니까 외고에 가야지 하는 목표가 아니었다. 외고를 생각하게 된 계기는 새로운 꿈이 생기면서부터였다. 하루는 아들과 차분히 대화를 나눠보았다.

"넌 의사는 어떻게 생각해? 성격이 꼼꼼해서 잘할 것 같은데."

"전 수술하는 것은 별로예요."

"그래, 그럼 어떤 부분이 관심이 가는데?"

"그런 것보다 사건을 해결하는 게 더 흥미로워요."

"그래? 그럼 경찰과 관련된 일이 맞겠구나."

아들은 추리하고 문제를 해결하는 것을 좋아했다. 탐정 관련 책이나 영화, 드라마에 흥미를 보였다. 고등학교에 진학하기 위해 아들은 서서히 꿈을 구체화해야 했다. 결국 꿈과 관련된 진로 결정이 대학 진학으로 연결되기 때문이다.

이런 식으로 흥미를 발견하고 같이 고민하면서 우리는 프로파일러라는 직업을 찾게 되었다. 꿈이 생긴 것이다. 영어 선생님이라는 막연한 꿈에서 갑자기 외고 진학이라는 목표가 생겼다. 아들 꿈의 교집합은 영어였다. 영어를 잘하고 좋아해서 외고로 결정했다. 그보다 앞선 선택은 외고에 진학한 선배가 경찰대에 진학하는 것을 확인하면서 확실해졌다.

순식간에 길이 변경되었다. 그러나 자신이 좋아하는 영어에 대한 선택은 변함이 없다. 같은 직업이라 해도 각자 하고자 하는 이유는 다를 것이다. 지금의 꿈이 100세 인생의 직업을 책임지지는 못할 것이다. 그렇지만 현재 꿈이 있다는 것은 주어진 오늘 하루를 열심히 살아가는 힘이 된다. 결국 꿈은 노력한 하루하루가 만들어내는 것이다.

나의 꿈도 변했다. 하고 싶은 일은 언제나 변할 수 있다. 남들이 보기에 폼 나는 일만 좋고 멋진 꿈이 아니다. 내가 하고 싶은 일이라면 눈치 보지 말고 도전해보아야 한다. 남들을 의식해서 내 인생을 멋지게 포장할 필요는 없다. 내가 두 아이를 키우며 느낀 것은 꿈이 있어야 열정이 생긴다는 것이다. 앞으로도 나는 아이들의 꿈을 지지할 것이고 조언이 필요하다면 기꺼이 친구가 될 것이다. 먼저 살아오며 얻은 노하우를 아낌없이 알려줄 것이다.

지금 자신의 꿈을 위해 노력하는 것이 있는가? 있다면 당신은 이미 멋진 부모다. 아이는 분명 부모를 보고 배운다. 나 스스로 멋지고 당당하면 된다. 아이는 부모의 꿈의 크기가 아니라 부모가 노력하는 열정을 보고 배운다.

아이의 꿈과 내 꿈을 함께 디자인한다면 이미 자식을 잘 키우는 부모다. 항상 아이의 꿈과 함께하는 부모가 되기를 응원한다.

04
아빠의 참여는 선택이 아니라 필수다

　남편과 아들은 궁합이 맞지 않은 연인처럼 많이 어긋났다. 남편은 아이를 잘 키우고 싶은 욕심이 크다 보니 아이들 생활 전반을 관리했고, 아들은 잘하다가도 한 번씩 어긋났다. 우리 집은 무엇이든 당연하게 해준다는 개념이 없다. 다른 집에 비해 엄격해서 밖에서는 우등생인 아들도 집에 오면 혼날 일이 많았다. 본인의 할 일을 못했을 때는 반드시 그에 상응하는 불이익을 준다. 반면 잘했을 때는 보상과 칭찬을 아끼지 않는다.

　이런 과정이 되풀이되면서 아이들은 스스로 해야 할 일과 하면 벌을 받는 일을 구분하기 시작했다. 남편은 아이들이 거짓말하는 것을 제일 큰 잘못으로 여겼다. 언젠가 한번은 아들이 거짓말을 해서 벌을 받게 되었다. 무슨 일 때문이었는지는 정확히 기억나지 않지만, 너무 화가 난 남편은 아들 보고 집에서 나가라고 했다. 아들은 바로 가방에 옷을 주섬주섬 챙겨 넣었다. 그러더니 인사하고는 현관문을 나서는 것이 아닌가? 어떻게 하나 두고 본다고 남편은 잡지 말라고 했다. 지켜보는 나와 어머님은 이건 아니다 싶었지만 말릴 수가 없었다.

우리는 아들이 나갔다가 금방 다시 들어올 거라고 생각했다. 하지만 예상과 달리 아들은 소식이 없었다. 날이 어두워지자 걱정이 되기 시작했다. 우리는 모두 나가서 놀이터와 아파트 주변을 살펴보았다. 멀리 가지는 않았을 텐데 어디에도 없었다. 경찰에 신고해야 하나 걱정이 밀려왔다. 혹시나 하는 마음에 주변 사람들에게 전화해봤지만 오지 않았다는 대답만 돌아왔다.

서서히 남편에 대한 원망이 생기기 시작했다. 포기하고 아파트로 들어서는 순간 남편은 혹시 모르니 주차장 주변을 보자고 했다. 지하주차장으로 들어가는 순간 구석에 웅크리고 앉아 있는 아들이 보이는 게 아닌가! 그 순간 감사하기도 하고 화가 나기도 해서 감정을 다스리기가 힘들었다. 그렇게 잠깐의 가출은 마무리되었다.

모든 일에는 일장일단이 있다. 그 당시는 너무 아팠지만 지금 생각하면 이 모든 사건이 아들을 강하게 성장하게 했다. 우리는 늘 생각한다. '무관심이 제일 무서운 것이다.' 관심이 있으니 잔소리를 하는 것이다. 사실 벌을 주는 것도, 반성문을 검사하는 일도 귀찮은 일이다. 그러나 아빠는 아무리 힘들어도 그 끈을 놓지 않았다.

어느 해 여름으로 기억한다. 그때도 아들과 아빠의 실랑이가 한창이었다. 남편은 나름의 원칙을 세워 강도가 낮은 것부터 벌을 준다. 가끔은 팔을 들고 있게도 하고 무릎을 구부리고 버티는 벌을 세우기도 했다. 몸으로 고통을 느껴 다시는 하지 않도록 기억하게 하기 위해서다. 벌 받는 과정이 끝나면 다음에는 하지 않겠다는 서약서에 사인하게 하기도 했다. 남편은 감정을 앞세우지 않기 위해 벌을 주기 전에는 잘못된 행동에 대해 꼭 확인했다. 아이들이 충분히 수긍하면 그때 벌칙을 정한다. 누가 보면 교육 관련된 일에 종사하나 생각할지도 모르겠다. 절대 아니다. 남편은 그저 교육과 관련된 정보를 공부하고 자신만의 원칙이 있을 뿐이다.

그날, 남편은 화가 많이 난 상태였다. 아들에게 강도를 높여 여러 번 하지 말라고 이야기했음에도 불구하고 아들의 거짓말이 되풀이되는 것에 화가 많이 나 있었다. 벌을 주고 반성문을 쓰게 하고, 여러 방법으로 노력했지만 아들의 행동이 만족스럽게 바뀌지 않자 남편은 급기야 경찰을 불렀다. 아이에게 경각심을 주기 위함이라고 하지만 나도 놀랐다. 내가 말렸지만 이미 전화는 연결되어 있었다. 그리고 남편은 아들에게 매를 들었다. 경찰을 부를 명분이 필요했기 때문이다. 아이가 거짓말했다고 경찰을 부르면 오지 않지만 아빠가 아이를 때렸다고 하면 상황은 달라진다. 남편은 그렇게 아들의 나쁜 습관을 잡기 위해 충격요법까지 동원했다. 결국 자신이 아동학대를 했다고 신고한 것이다. 살다가 별일을 다 본다는 게 이런 경우가 아닐까!

우리 집으로 경찰 두 분이 방문했다. 일단 출동을 했으니 사건에 대해 질문을 했다. 모든 답변을 듣고 난 후 두 분은 "아버님! 이런 일로 경찰에 신고하면 어찌합니까? 저도 아이들을 키우는데 반성문을 읽어보니 더 말할 필요도 없어요" 하며 아이가 거짓말한 것은 잘못이지만 어느 가정에나 있는 일이라고 오히려 남편을 위로했다. 버릇을 고치기 위해 아이에게 매를 들어 신고까지 하는 아버지가 대단하다고 하시고는 돌아가셨다.

그 일은 아마도 아들의 기억에 크게 자리 잡고 있을 것이다. 아무리 충격요법이라고 해도 경찰의 등장은 우리 가족 모두에게 크게 다가왔다. 시간이 흐른 지금은 추억이라고 할 수 있지만, 당시에는 부부 싸움이 될 정도의 큰 사건이었다.

옆에서 보는 나는 안타까울 때가 많았다. 때로는 '조금만 아이들을 풀어주지' 하는 마음도 들었다. 늘 남편과 아들이 상처받지 않기를 소망했다. 지금 생각해보면 강인한 아들로 키우기 위해 남편은 더 냉정하지 않았는가 하는 생각이 든다.

이처럼 아들은 크고 작은 사건으로 사사건건 아빠와 부딪히면서 세상 살아가는 법을 배우기 시작했다. 한번 혼이 나면 그것을 만회하기 위해 시키지 않아도 열심히 노력해야 했다. 본인도 살아야 하니 아빠에게 칭찬받기 위해 노력했다. 만약 공부 문제로 이렇게까지 혼을 냈다면 반항심으로 삐뚤어졌을 것이다. 이런 엄격함이 있었기에 남편은 원칙을 지키는 아이로 키울 수 있었다.

엄마와 아빠의 균형 있는 역할 분담

고등학생이 된 아들은 이제 인정한다. 어릴 때 아빠는 너무 엄격해서 야속했지만, 덕분에 기숙사 생활에 잘 적응하고 뭐든 스스로 할 수 있는 힘을 길러준 것 같다고 말이다. 나도 인정한다. 일관성을 지키고 원칙 안에서는 자유를 주는 확고한 교육관이 자립심이 강한 아이로 성장하게 했다.

기숙사 생활은 빨래부터 청소까지 스스로 해결해야 한다. 나는 아들이 교복셔츠를 손빨래해서 다림질까지 했다는 말을 듣고 깜짝 놀랐다. 양말과 수건들은 세탁기에 돌려 빨래 건조대에 널고, 다 마르면 개키고 차근차근 정리해놓는다고 했다. 아들은 집에서 한 번도 빨래와 다림질을 해보지 않았다. 이처럼 낯선 환경에서도 스스로 하는 아이로 성장한 것은 어릴 적 교육의 영향일 것이다.

외고는 일반고에 비해 수업시간에 토론과 발표가 많다. 수업을 수동적으로 듣는 것이 아니라 스스로 해야 하는 활동이 대부분이다. 과제나 동아리 활동도 마찬가지다. 사교육이 없는 전원 기숙사 생활인데다 방과 후에는 보충수업이 이루어진다. 그 후 정독실에서 개인별 공부 시간이 주어진다. 온종일 공부와 사투를 벌인다. 외고에 다니려면 반드시 자기주도학습이 가능해야 한다. 시켜야 하는 공부에 익숙하다면 견디지 못할 것이다.

나는 마음이 약해서 아이들에게 엄하게 하지 못하는 부분이 많다. 모든 엄마가 같은 마음일 것이다. 남편은 나의 이런 부분을 해결해준다. 악역은 남편이 담당하고 아이를 달래는 일은 내가 맡았다. 부모라면 자식에게 매를 들고 야단치는 것이 가슴 아프다. 엄하게 키워야 험한 세상에서 자기 앞가림을 할 것이라는 원칙을 지키는 남편도 막상 아들을 크게 혼낸 날에는 속상해서 혼자 소주를 마시기도 했다.

요즘 '독박육아'라는 말을 사용한다. 주변의 도움 없이 혼자 아이를 키우는 것은 힘들다. 나는 시어머님이 아이를 봐주셨기 때문에 직장생활을 계속할 수 있었다. 교육에 관심이 많은 남편도 내가 힘들어하는 부분을 해결해주었다. 직장생활을 하며 아이들을 혼자서 양육하고 교육하기는 힘들다. 그러나 역할을 나누어 한다면 아이들에게도 좋은 영향을 주고 문제해결도 훨씬 수월해진다. 아빠는 돈만 벌어오는 사람이 아니다. 아빠의 자리에서 역할을 할 수 있게 해야 한다. 내가 꿈을 이루고 아이들을 교육할 수 있었던 것은 가족의 도움이 있었기에 가능했다.

아들과 아빠 사이에 있었던 여러 사건은 자기주도학습을 위한 하나의 훈련이었다. 자립심이 강한 아이로 키우고 싶다면 아빠의 자리가 꼭 필요하다. 엄한 아빠와 부드러운 엄마가 균형을 이루면 아이는 더욱 바르게 성장한다.

05
훈육과 교육의 일관성

우리 아들은 호기심이 왕성하다. 그리고 매우 활동적이다. 가만히 앉아 있는 시간이 별로 없다. 그러다 보니 얌전한 딸보다 사고 치는 확률이 높았다. 아들이 아기 태를 벗고 세상을 향한 호기심을 발동하기 시작하면서부터 갈등이 시작되었다. 어머님이 보시기에는 아무것도 아닌 것에도 남편은 심하게 혼을 냈다. 어머님은 눈에 넣어도 아프지 않을 손자를 혼내니 힘들어하셨다. 그 탓에 나도 힘든 부분이 있었다.

남편은 '교육의 일관성'을 주장했다. 할머니와 엄마가 아이의 편을 들고 잘못을 숨겨주면 교육의 효과가 없다는 것이다. 맞는 말이다. 그런데 참 이상하다. 내가 혼낼 때는 잘 모르겠는데 다른 사람이 아이를 혼내면 그 꼴은 보기가 싫다. 그 때문에 아이 문제로 부부싸움이 일어나기도 했다. 그 과정에서 나는 아이가 상처받지 않을지 걱정되었다. 조금 강도를 낮추었으면 하는 내 생각과 달리 남편은 냉정했다. 확고한 교육관에 동조하지만 모두 마음에 드는 것은 아니었다. 나는 오직 아이의 마음이 다치지 않기를 바라고 또 바랐다.

아들은 공부 때문에 혼나는 일은 없었지만, 일상의 작은 일에서 시작되는 거짓말 때문에 늘 혼이 났다. 그렇게 실수가 반복되면 남편은 화를 냈다. 어른도 거짓말할 때가 있는데 아이가 오죽할까 하는 생각은 하지 않았다. 자꾸만 혼이 나자 아들의 자존감은 한없이 추락했다. 매사에 활발한 아이가 아빠 앞에서는 눈치를 보았다. 또 지적받을지 모른다는 생각으로 항상 긴장했다. 무엇인가 방법이 필요했다.

초등학교 때 나는 아들을 상담해보기로 결정했다. 심리상담을 하려니 비용도 많이 들고 예약 후 많은 시간을 기다려야 했다. 그래서 집 근처에서 미술심리 상담을 받았다. 그림으로 몇 주 동안 아이의 마음을 읽고 문제점을 찾기로 했다. 미술심리 선생님께서는 남편도 보기를 원했다. 그렇게 두 사람의 심리상태 결과를 들었다. 다행히 아들은 성격이 밝아서 큰 문제는 없다고 했다. 남편은 아이에 대한 애정표현이 부족하고 잘 키우고 싶은 욕심이 크다는 진단을 받았다. 큰 해결책 없이 심리치료가 마무리되었지만 그래도 조금은 안심이 되었다. 아들의 마음에 큰 상처가 없음에 감사하고, 남편의 엄격함 또한 자식에 대한 사랑임에 감사했다.

우리 아이들은 다른 아이들에 비해 자유롭지 못하다. 휴대폰도 사용시간을 정해준다. 게임 역시 마찬가지다. 지키지 못할 경우 휴대폰을 한동안 사용하지 못하게 한다. 스스로 자신의 욕구를 통제해야 한다. 아이들은 하지 말아야 하는 것을 알아도 실천하기가 힘들다. 어김없이 아들은 약속을 많이 어겼다. 아빠에게 솔직하게 말하면 되는데 아들은 꼭 잘못을 숨기는 것이 문제였다. 본능적으로 일단 피하려고 했다. 그러나 결과적으로 일을 키우는 격이었다. 그러면 남편은 잘못한 일을 생각해보고 적어오라고 했다. 노트를 보면 빠져 있거나 숨긴 일들이 속속 드러난다. 그러면 남편은 아들과 얘기해서 그날의 벌칙을 정했다. 한동안 반성문을 적는 것으로 대신했다. 반성문은 한 장이 아니라 10장인 경우도 있었다.

교육의 일관성이 중요하다는 것은 모두 알지만, 실천은 쉽지 않다. 지금 생각해보면 나의 부족한 부분을 남편이 채워주었기 때문에 아이들을 통제할 수 있었다. 일관성 없이 때때로 봐주었다면 지금의 생활습관은 형성하지 못했을 것이다.

부모의 일관성이 원칙을 지키는 아이로 키운다

사춘기 중학생이 되어서도 아들은 크게 반항하지 않았다. 밖에 나가면 누가 봐도 착한 아들이고 모범생이었다. 무섭다는 중2병도 없었다. 그런데 어느 날 일이 크게 터졌다. 중학교 수학여행을 앞둔 무렵이었다. 아들이 공부방으로 가는 길에 라이터를 가지고 장난을 쳤다. 아파트 현관문 앞에 붙어 있는 가스검침을 기록하는 종이를 태운 것이다. 물론 다 타는 것을 보고 지나갔지만 그을음이 남아 있었다. 당시 그것을 본 아파트 주민이 공부방에 항의를 했다. 그날 우리 집은 난리가 났다. 불장난이 말이 되냐고. 하필 그날 어느 아파트에 불이 나는 뉴스가 보도되었다. 기막힌 타이밍이었고, 우리 집 최고의 사건이었다.

공부방 선생님은 아들이 평소 행실이 바른 아이라는 것을 알기에 크게 문제삼지 않았지만, 선생님께 항의하신 분은 펄펄 뛰었다. 이 사실을 안 남편은 반성문은 당연히 쓰는 것이고 학교에서 친구들의 사인까지 받아오게 했다. 그리고 신고한 아파트 주민을 직접 만나 사과하게 했다. 신고한 분은 공부방 선생님에게 이야기 들었다며, "공부도 잘하고 착한 아이라던데 그런 장난을 하면

아이들이 쓴 반성문

아이들이 큰 잘못을 저질렀을 경우에
는 반성문을 쓰고, 친구와 선생님의
사인을 받은 경우도 있었다.

안 된다"고 좋게 타일러주셨다.

죄송한 마음에 나는 그분께 따로 전화를 드렸는데 우리 아들이 인사성도 바르고 예의도 바르다며 한 번의 실수였던 것 같다고 좋게 말씀해주셔서 감사했다. 그러나 이 일은 이렇게 마무리가 된 것이 아니었다. 결국 아들은 그 벌로 평생 한 번뿐인 중학교 수학여행에 가지 못했다. 그 사실을 전해 들은 그분은 오히려 내게 전화해서 "학생 아빠께 전화해서 제가 설득할게요"라고 말해주셨다. 하지만 남편은 벌을 거두지 않았다.

그 외에도 자잘한 사건이 참 많았다. 당시는 너무 속상해서 아이와 같이 울기도 했다. 누구의 잘못도 아닌 것 같은데 마음은 늘 불편했다. 아이를 혼낼 수도 없었다. 그리고 남편이 100퍼센트 틀린 것도 아니었다. 그렇게 울고 웃는 가운데 우리 아들은 성장했다. 우리 딸은 오빠의 그런 모습에 때로는 누나 같이 챙겨주었다. 그리고 자연스럽게 학습되어 둘째는 혼날 일을 가려서 하는 아이가 되었다.

'일관성'이라는 단어는 참 부담스러운 단어이다. 기계는 매일 같은 일을 할 수 있지만 사람은 한결같은 마음으로 늘 바르게 행동하기가 쉽지 않다. 어렵지만, 남편은 공부 잘하는 아이보다 인성 바른 아이로 키우기 위해 노력했다. 습관은 어릴 때 잡아야 한다. 사춘기가 지나면 자연스럽게 말을 듣지 않는다. 우리 부부는 양육과 교육에 있어서 일관성을 유지하기 위해 여러 방법을 동원했다. 습관을 만들기 위한 교육은 한번 봐주기 시작하면 돌이키기가 힘들다. 아이에게 한결같은 이미지를 심어주기 위해서는 냉정하게 결단하고 행동할 필요가 있다.

남편의 엄한 훈육은 원칙을 지키는 아이로 성장시켰다. 원칙을 벗어나면 아빠의 훈계가 있다는 것을 알기 때문에 아이는 늘 바르게 생활하기 위해 노력했다. 내가 교육을 하는 데 있어 남편의 이런 원칙은 많은 도움이 되었다. 아이들은 공부하라는 명령만으로 움직이지 않는다. 누구나 공부해야 한다는 것을 알지만 실행하기는 힘들다. 부모가 일정 부분 관여해야 하는 시기에는 적극적으로 개입해서 습관을 형성해야 한다.

망설이지 말고 카리스마 있는 부모가 되라. 교육의 일관성은 자기주도학습의 기초가 된다.

06
공부를 해주기보다 습관을 잡아준다

공부습관은 어려서부터 완성하는 것이 좋다는 것은 누구나 알고 있다. 초등학교를 졸업하는 13살이라는 시기를 생각해봐야 한다. 우리는 습관에 따라 좋고 나쁜 행동을 하루에 수없이 반복한다. 그런데 보통 좋은 습관보다 나쁜 습관이 더 많다. 공부란 평생 해야 하는 일이다. 일부는 공부와 담을 쌓고 사는 사람도 있지만 우리가 사는 인생 자체가 어떤가? 새로운 것을 배워야 하는 것이 일상이다. 세상은 우리에게 지속적인 배움을 요구한다. 이런 흐름에 발맞춰 배움에 능동적인 사람이 되려면 초등학교를 졸업하기 전에 자기주도학습을 완성해야 한다.

우리 부부가 실천한 작은 습관들은 누구나 충분히 할 수 있는 일이다. 우리는 인성 바른 아이로 키우기 위해 생활습관에 많은 신경을 쏟았다. 생활습관이 잘 잡히면 결국 학습습관 형성도 쉽다.

지금까지 두 아이에게 좋은 습관을 들이기 위해 노력한 점들을 정리해봤다.

첫째, 규칙적인 생활로 습관을 형성한다

잠자는 시간, 기상시간, 식사시간 등은 특별한 일이 있는 경우를 제외하고는 반드시 지키게 했다. 아이들은 성장하면서 어린이집, 유치원, 학교를 경험하게 된다. 가정생활은 사회생활을 위한 기반이 된다. 따라서 가정에서 바른 예절과 습관을 만들어주어야 한다. 아이가 밥을 안 먹는다고 따라다니며 먹이는 엄마가 있다. 아이가 편식을 한다면 가슴 아파도 과감하게 밥상을 치워야 한다. 배고픔과 불이익을 경험하면 서서히 고쳐진다.

그 밖에 자기 물건을 정리하는 습관도 필요하다. 책상과 주변을 정리하여 자기 물건을 관리하는 방법을 알아야 한다. 언제까지 부모가 따라다니면서 치울 수 없다. 공부하기 전 책상 정리와 잠자리 정리는 기본으로 할 수 있어야 한다.

둘째, 학교와 학원 수업은 무조건 충실하게 수행한다

유치원 이후부터는 서서히 학습 시간과 분량이 많아진다. 수업 시간에는 무조건 집중해야 한다. 학원도 마찬가지다. 수업시간의 연장이다. 학원은 예습과 복습을 하는 곳이다. 수업시간에 흥미가 없으면 결국 멍하니 시간만 보내게 된다. 학원을 싫증 내거나 자주 빠지면 과감하게 끊어야 한다. 부모의 눈치를 보며 다니는 것은 의미가 없다. 자신이 필요해서 다녀야 아이는 감사한 마음을 가진다. 한 번씩 학원비를 언급해서 경제적인 개념을 심어주는 것도 좋다.

셋째, 방과 후 과제부터 하게 한다

나는 일과가 끝나면 바로 학교와 학원의 과제부터 하게 했다. 하고 싶은 일부터 하면 결국 과제를 못하거나 급하게 대충하게 된다. 게임이나 텔레비전은 잠깐 하는 것으로 끝나지 않는다. 이 경우 자신의 할 일을 수행하지 못했을 때는 반드시 벌칙을 정해 불이익을 주어야 한다. 대신 임무를 완수했을 때는 아이와 약속한 것은 꼭 지켜야 한다. 일관성이 있어야 아이는 부모의 말을 신뢰한다.

부모는 아이들의 학교 알림장을 확인해야 한다. 초등학교 저학년의 경우 알림장에 받아쓰기 평가하는 날을 공지한다. 그러면 부모가 관심을 가지고 아이와 연습해야 한다. 다음 날 100점을 받으면 아이는 뛸 듯이 기뻐했다. 그러면 아이는 학교 공부를 더 열심히 했다. 나는 급수별로 꾸준히 아이와 받아쓰기 연습을 했다.

넷째, 일기 쓰기는 한글을 배우는 시점부터 시작한다

앞서도 일기의 중요성을 많이 언급했다. 매일 무엇인가를 한다는 것은 누구에게나 부담스럽다. 습관이 잡힐 때까지 부모의 관심과 노력은 필수다. 우리 아이들은 6세 무렵 한글을 알아가는 무렵부터 그림일기를 썼다. 글씨보다는 그림이 많았지만 일단 하는 것이 중요하다. 매일 하다 보면, 오늘은 특별한 일이 없어서 뭘 써야 할지 모르겠다는 때가 온다. 일기라고 해서 꼭 특별한 일만 기록하는 것이 아니라는 것을 알려줘야 한다. 아이들이 어느 정도 성장한 후라면 미래일기를 쓰는 것도 괜찮다. 영어를 배우면서는 가끔 영어 일기를 쓰게 했다.

우리 아이들은 영화관에 가면 영수증을 챙긴다. 일기장 끝에 영화 팜플렛이나 영수증을 붙이는 오빠를 보고 동생도 따라 했다. 일상생활에 재미를 더하면 일기 쓰기도 즐겁게 할 수 있다. 일기는 매일 부모가 확인해주고 맞춤법을 수정해줘야 한글 실력이 는다. 말로 하는 것과 글로 쓰는 표현은 많이 다르다. 직접 읽어보면 더 명확하게 알 수 있다.

처음부터 잘하기는 어려우니 분량에 대한 부담은 주지 말아야 한다. 노트를 구입할 때는 아이가 좋아하는 캐릭터를 선택하는 센스를 보이자. 습관이 되기까지 폭풍칭찬으로 아이의 자존감을 올려주어야 한다.

다섯째, 용돈관리로 계획성과 경제개념을 익힌다

보통 가정에서 아이들 용돈은 일주일, 한 달 단위로 지급한다. 용돈은 한정되어 있기 때문에 계획성 있게 지출해야 하지만, 당연히 아이들은 스스로 통제하기가 어렵다. 빨리 소진하거나 어디에 사용했는지도 모르게 지출하는 경우가 생긴다. 그러므로 반드시 용돈기입장을 쓰게 해야 한다. 스스로 기입하면서 잔액을 맞춰봐야 한다. 며칠 전에 쓴 지출 내용을 기억하지 못하는 경험도 하게 된다. 그러면 왜 그때마다 기록해야 하는지 필요성을 느낀다. 재미있는 일은 아니지만 꾸준하게 실천하면 아이의 달라진 모습을 만나게 된다. 자신이 원하는 물건을 사기 위해 저축을 하기도 한다. 계획해서 돈을 쓰는 법, 자기절제를 배울 수 있는 용돈관리는 스스로 하게 해야 한다.

여섯째, 공부습관 전에 책 읽기 습관부터 잡는다

책을 읽는 것은 유익한 일이다. 방학과 주말에는 특별한 계획이 없으면 나는 아이들과 도서관으로 갔다. 각자 읽고 싶은 책을 읽고 대출을 하기도 했다. 도서관까지 걸어가면 운동도 되고 대화도 할 수 있다. 아이들은 고학년이 되자 혼자 도서관에 가서 책을 대출했다. 요즘은 둘 다 학교 도서관을 이용해 책을 대출한다. 소장해야 하는 도서는 따로 구매해준다.

독서는 공부와 별개가 아니다. 유아기는 부모와 아이와의 교감이 중요한 시기다. 이때는 부모와 아이가 많은 것을 함께 경험하는 것이 좋다. 이 시기의 뇌는 활발하게 활동하므로 어떤 것을 주입하느냐에 따라 아이의 앞날이 달라질 수 있다. 스펀지처럼 흡수하는 시기에 많은 책을 접하게 하면 분명 책을 보지 않는 아이보다 많은 면에서 앞서 가는 것이 당연하다.

엄마들은 퇴근 후 집안일로 바쁘다. 그러나 책 읽기를 우선순위에 둔다면 짧은 시간에 책 읽는 습관을 들일 수 있다. 아이가 글을 읽을 수 없는 연령이라면 엄마가 책을 읽어주면 된다. 아이가 흥미를 보이는 장르의 책부터 시작하면 된다. 아이는 엄마의 목소리에 정서적으로 안정감을 느낀다. 새로운 지식을 받아들이고 사고력 또한 향상된다. 어휘력은 저절로 늘어난다.

독서량이 많은 아이의 학교생활은 어떨까? 자기 생각을 표현하는 발표력과 설득력이 뛰어날 것이다. 친구들에 비해 어휘력 또한 풍부하다. 책 읽기로 이미 책과 친해져 학교 공부에도 쉽게 적응한다. 결국 책을 많이 보는 아이는 공부하는 습관까지도 잡을 수 있다. 책을 읽는 독서습관이 공부습관으로 이어지는 것이다.

부모의 책임은 아이를 낳는 것으로 끝이 아니다. 교육은 낳는 것보다 더 큰 인내를 요구한다. 하루에도 수없이 엄마 역할에 사표를 내고 싶을 것이다. 아이가 성장하면서 더욱 어려워지는 것이 교육이다. 처음에는 몸이 힘들지만 나중에는 정신적으로 힘들어지는 시기가 온다. 누구나 경험하는 사춘기는 또 다른 경험이다.

세상은 빠르게 변하고 있다. 부모의 관점에서 아이를 바라본다면 단언컨대 대화가 이어지지 않는다. 어릴 때 관심 없던 부모가 갑자기 사춘기에 접어든 자식에게 공부하라고 하면 자녀는 당연히 말을 듣지 않는다. 착한 아이, 공부 잘하는 아이로 키우고 싶은 부모의 마음은 같다. 누구나 1등 하는 아이로 키우고 싶다. 어린 자녀를 둔 부모라면 1등 하는 습관 만들기에 동참해야 한다. 13살 전에 공부습관을 완성하자. 당신도 1등 부모가 될 수 있다.

07
자기주도학습의 시작과 끝은 관심이다

사람은 어떤 상황에서 기뻐할까? 주변 사람으로부터 인정받을 때 만족감을 느낀다. 가족이라는 공동체는 평생을 나와 함께하는 운명적인 관계이다. 남이 나에게 관심을 쏟지 않는다고 해서 크게 서운할 건 없다. 그러나 가족 구성원이 나를 등한시 한다면 문제가 달라진다. 슬프고 외로운 순간이 언제냐고 묻는다면 아마 사랑하는 사람이 나에게 관심을 가지지 않을 때일 것이다.

연인들을 보면, 여자친구가 "자기야! 오늘 나 바뀐 것 없어?" 하고 대뜸 묻는다. "글쎄, 머리가 좀 짧아졌나?" 남자들은 뭔가 답은 해야겠고 막 둘러댄다. 앞머리 길이가 조금 짧아진 것을 맞힐 수 있을까? 그런 사람도 간혹 있겠지만 힘들다. 그럼에도 여자친구는 끊임없이 묻는다.

"나 살 좀 빠졌지?"

"음……. 그런 것 같은데."

이 대답은 정답일까? 이것도 틀렸다. 빠졌다고 하면 기분이 좋을 것 같지만, 사실 안 빠졌을 경우 관심도 없고 놀리는 것 같다. 안 빠진 것 같다고 사실대로 말해도 화를 내는 것은 마찬가지다. 남자들은 헷갈린다. 사실을 말해도 혼난다. 이 질문의 정답은 "지금 충분히 예쁘다"이다. 상대방은 그저 살이 빠지든 찌든 항상 변함없이 사랑한다는 것을 확인받고 싶은 것이다.

부부나 아이도 서로 관심을 받아야 기분이 좋은 것은 같은 이치다. 귀가 시간이 늦어지면 어떤가? 아무리 밖에서 재미있게 놀아도 마음이 불편하다. 집에 걱정할 가족이 있다는 것을 알기 때문이다. 그러나 나를 기다릴 사람이 아무도 없다면 귀가를 서두를 필요를 못 느낄 것이다. 이렇게 가족은 함께 있을 때나 떨어져 있을 때나 서로에게 영향을 미친다.

부모가 아이를 키우는 단계는 성장단계와 교육단계로 나눌 수 있다. 아이를 임신한 그 순간부터 우리는 부모로 불린다. 그때부터 육아가 시작되는 것이다. 아이가 뱃속에 있을 때 엄마는 본인의 말과 행동, 건강까지 신경 써야 한다. 출산했다고 해서 달라지지 않는다. 더 많은 노력, 인내, 시간을 요구한다. 아이가 걷고 말하게 되기까지는 오직 건강하게 자라는 것을 목표로 키운다. 그러다가 아이가 자랄수록 남들에게 뒤처지지 않는 공부 잘하는 아이로 키우려는 교육단계로 넘어간다.

나 역시도 남들 이유식 할 때 했고, 남들 유치원 보낼 때 덩달아 보냈다. 아이를 키우는 부모라면 매 시기 비슷한 고민을 한다. 고민한다는 것은 아이를 잘 키우기 위한 관심의 시작이다.

우리 아들은 어릴 때 비염으로 병원을 자주 찾았다. 감기약을 달고 살 정도로 소아과에 자주 갔다. 첫째가 아프면 둘째도 따라 감기를 했다. 워킹맘인 나는 아이들이 아플 때가 제일 힘들었다. 아픈 아이를 두고 나오면 아침 출근길에 마음이 무거웠다. 바쁜 아침에 대비해 저녁에 미리 물약과 가루약을 섞어서 약통을 분류해서 이름을 쓰고 아침 약, 점심 약을 표시한다. 이렇게 며칠씩 해야 했다. 아이들은 아프면 잘 먹지도 않는데다가 더 관심받고 싶어 하고 어리광을 부렸다.

나는 아이가 아플 때만큼은 약을 먹이고 아이의 어리광을 받아주는 일을 꼭 내 손으로 해내려고 했다. 아빠나 다른 가족이 할 수도 있지만, 나는 내가 하는 것을 원칙으로 삼았다. 내 몸이 아픈 날은 아파서 가족을 못 챙길까 봐 곧바로 약을 챙겨 먹었다. 나는 엄마로서 두 아이가 성장하는 시기마다 최선을 다하고 싶었다. 내가 할 수 있는 범위는 다 하려고 노력했다. 내 아이를 잘 키우고 싶은 욕심이 있었기에 가능한 일이었다. 이 노력은 아이의 성장단계를 지나 교육으로까지 이어졌다.

그렇다고 자식이 늘 사랑스럽기만 한 것은 아니었다. 아무리 내 자식이라도 아이 때문에 속이 터져 화가 날 때가 있었다. 사랑해서 결혼한 남편이라도 미울 때가 있고 싸울 때가 있었다. 다만 함께 울고 웃으며 같이 문제를 풀어가는 게 바로 가족이 아닌가 한다.

아이는 관심받는 만큼 성장한다

나를 제일 잘 알아주고 위해주는 것은 결국 가족이다. 내가 낳은 내 자식은 그나마 내가 제일 잘 안다. 부모가 외면한다면 아이는 혼란스럽다. 성장 과정에서 아이가 흔들리더라도 부모가 중심을 잡아주어야 한다.

앞서 말했듯이 나는 아이들과 함께 공부했다. 한글을 배워야 하는 시기, 숫자를 배우는 시기에는 매일 아이들의 하루 공부를 확인했다. 초등학교에 들어가서는 학년별로 필요한 공부를 선행하고 복습했다. 하루하루를 아이들의 성장에 발맞춰 걸었다. 물론 좋은 날만 있었던 것은 아니다. 아이들이 문제를 일으키고 말을 듣지 않아서 소리를 지르기도 했고 가끔 매를 들기도 했다. 그렇지만 포기하지 않고 다음 날 변함없이 하루 공부를 이어갔다. 이렇게 할 수 있었던 것은 남편의 지지가 있었기 때문이다. 아이들이 말을 듣지 않고 통제되지 않을 때는 남편이 나서서 정리했다.

아이들의 행동에 관여하지 않으면 사실 몸은 편하다. 그러나 몸이 편한 대신 뒷감당이 힘들어진다는 것을 알아야 한다. 우리 부부는 아이가 부모의 그늘에 있는 단계에서는 충분히 아이들을 통제해야 한다고 생각했고, 일관성을 가지고 실행했다. 아이들이 커갈수록 자율적으로 맡기는 부분이 점점 많아지고 있지만, 아직 지도나 조언이 필요하다고 생각한다. 이런 연습이 충분히 이루어지면 성인이 되어서는 스스로 인생을 잘 이끌어 가리라 믿기 때문이다.

두 아이 모두 초등학교를 졸업했다. 먼저 경험한 부모 입장에서 나는 감히 말할 수 있다. 내 아이를 24시간 지켜보지는 못했지만, 아이의 성장단계를 지켜보고 교육과정을 함께하면서 깨달은 것이 있다. 아이는 관심받는 만큼 성장한다는 것이다. 그 관심에는 부모가 믿어주는 부분도 포함되어 있다.

혹시 워킹맘이어서 걱정하고 있는가? 나도 워킹맘이다. 워킹맘의 자리에서 할 수 있는 만큼 최선을 다 하면 된다. 전업맘이라고 해서 만족스러울까? 아닐 것이다. 언제나 자식에게만큼은 퍼주어도 부족함을 느끼는 것이 부모다. 자신이 처한 환경에서 최선을 다하고 있다면 당신은 박수받아 마땅하다.

아이들과 함께한 하루 공부는 결국 초등학교를 졸업한 시점에서 아이들이 스스로 공부하게 되는 힘이 되었다. 아이들이 온전히 자기주도학습이 된다고 해도 나의 관심은 끝나지 않는다. 끝까지 아이들의 꿈을 지지할 것이고 함께할 것이다.

지금 자녀와의 관계가 불편하다면 먼저 다가가는 부모가 되어보자. 다만 말만이 아니라 행동으로 관심을 표현해야 한다. 아이가 좋아하는 것을 함께하는 것도 좋은 방법이다.

관심! 쉬운 것 같지만, 가까이 있는 가족이라 더 소홀한 것은 아닌지 생각해보자. 오늘 내 아이에게 "네가 최고야" 하고 크게 외쳐보길 바란다. 부모가 아이에게 가지는 관심이 자기주도학습으로 가는 출발점이다.

스스로 공부하는 아이로 키우는 부모의 7계명

① 모범을 보이는 부모가 된다

② 점수보다 더 높은 목표를 제시한다

③ 아이의 꿈을 함께 디자인한다

④ 아빠의 참여는 선택이 아니라 필수다

⑤ 훈육과 교육의 일관성을 지킨다

⑥ 공부를 해주기보다 습관을 잡아준다

⑦ 자기주도학습의 시작과 끝은 관심이다

13살 전에 스스로 공부하는 아이로 키우는
하루 1장 공부습관

초판 1쇄 발행 2018년 2월 5일
초판 2쇄 발행 2020년 10월 12일
지은이 고은정

펴낸이 민혜영 | **펴낸곳** 카시오페아
주소 서울시 마포구 월드컵로 14길 56, 2층
전화 02-303-5580 | **팩스** 02-2179-8768
홈페이지 www.cassiopeiabook.com | **전자우편** editor@cassiopeiabook.com
출판등록 2012년 12월 27일 제385-2012-000069호
편집 최유진, 진다영 | **디자인** 고광표, 최예슬 | **마케팅** 허경아, 김철
외주편집 이하정

ISBN 979-11-88674-07-7 03590
이 도서의 국립중앙도서관 출판시도서목록 CIP은 서지정보유통지원시스템 홈페이지 http://seoji.nl.go.kr와
국가자료공동목록시스템 http://www.nl.go.kr/kolisnet에서 이용하실 수 있습니다.
CIP제어번호: CIP2018002634

• 잘못된 책은 구입한 곳에서 바꾸어 드립니다.
• 책값은 뒤표지에 있습니다.